Ein Buch aus der Reihe

Management konkret

Andreas Bode

Unternehmensgründung

Management konkret

UVK Verlagsgesellschaft mbH
Konstanz und München

Bibliografische Information der Deutschen Bibliothek
Die Deutsche Bibliothek verzeichnet diese Publikation in der Deutschen Nationalbibliografie; detaillierte bibliografische Daten sind im Internet über <http://dnb.ddb.de> abrufbar.

ISBN 978-3-86764-545-4

Einbandgestaltung: Susanne Fuellhaas, Konstanz
Einbandmotiv: iStockphoto.com, MikeFirsov

UVK Verlagsgesellschaft mbH
Schützenstraße 24 · 78462 Konstanz
Tel. 07531-9053-0 · Fax 07531-9053-98
www.uvk.de

Vorwort

Als Unternehmer sich selbst verwirklichen, seine Vision real werden lassen, etwas Positives bewegen – jeder Zehnte findet das in Deutschland gut. In anderen Ländern sind es dreimal mehr. Unternehmer, die in Ruhestand gehen, finden keine Nachfolger, Existenzgründer haben große Herausforderungen zu bewältigen, um ihre Geschäftsideen in der Praxis umzusetzen und davon nachhaltig leben zu können. Existenzgründer sind aber Deutschlands Zukunft und deshalb ist eine Erhöhung der Gründerquote und der Selbständigenquote wichtig für unser Land.

Dieses Buch vermittelt fundiert und praxisnah nachhaltiges Gründerwissen, damit Sie, verehrte Leser, die Risiken und Chancen einer Existenzgründung besser beurteilen können und wenn alles passt, die Chancen auch erfolgreich nutzen.

Ich wünsche allen Lesern viel Erfolg und Freude bei der Durcharbeitung dieses Buches. Ein solches Werk scheint niemals abgeschlossen und befindet sich ein einem kontinuierlichen Verbesserungsprozess. Aus diesem Grunde bedanke ich mich hiermit im Voraus für Verbesserungsvorschläge und Hinweise jeglicher Art. Dieses Buch soll Ihr Begleiter für eine erfolgreiche Existenzgründung sein, und gerne unterstütze ich Sie auch persönlich mit einem starken Partnernetzwerk deutschlandweit.

Mein besonderer Dank gilt allen Existenzgründern und Unternehmen, die ich bisher erfolgreich unterstützen konnte. Jeder Beratungstag hat auch mir neue Anregungen und neues Wissen gebracht, in einem Themenbereich, in dem man niemals auslernt. Ich danke dem UVK-Verlag für das entgegengebrachte Vertrauen und die engagierte Unterstützung. Danke all meinen Netzwerkpartnern für ihr extensives Praxiswissen, welches es mir ermöglicht, meinen Mandanten auch in schwierigsten Situationen deutschlandweit hilfreich zur Seite zu stehen.

Danke an meine Familie für die starke Unterstützung. Unsere Kinder und alle Kinder in Deutschland und der Welt haben eine lebenswerte Zukunft verdient, in der wirtschaftliche Stärke, eine ausreichende Anzahl an Arbeitsplätzen und eine lebenswerte Umwelt vereinigt sind. Existenzgründer leisten dafür engagiert einen wesentlichen Beitrag. Tag für Tag und Nacht für Nacht.

Andreas Bode

Business Angel Kreativwirtschaft

Inhaber www.unternehmen-kreativwirtschaft.de

Hochschuldozent für Entrepreneurship

BQZ zertifizierter Gründercoach und Unternehmensberater

Gründercoach - Unternehmensberater- Interim Manager

In diesem Buch wird keine sprachliche Differenzierung der Begriffe Unternehmer und Unternehmerin sowie Gründer und Gründerin vorgenommen. Vielmehr werden diese als Synonym betrachtet. Die Anwendung der männlichen Wortform der verwendeten Begriffe dient allein einem verbesserten Lesefluss.

Inhalt

1 Die Gründungsentscheidung

1.1 Die Bedeutung von Existenzgründungen für die Wirtschaft

Die Gründerquote beträgt in Deutschland 1,5% der Gesamtbevölkerung (lt. KfW Gründungsmonitor 2013). Das waren gemäß Gründerreport 775.000 Personen. Nur 315.000 Personen haben sich im Vollerwerb selbständig gemacht. Die Existenzgründer schufen 383.000 Arbeitsplätze. Die Selbständigenquote in Deutschland beträgt 10,9%. Der EU Durchschnitt liegt bei 15,6% und einige EU Länder wie Griechenland erreichen 34,6%. Die Selbständigenquote in Deutschland ist zu gering. Jeder Selbständige schafft sich seinen eigenen Arbeitsplatz. Dies entlastet den Arbeitsmarkt. In Krisenzeiten gibt es mehr Gründungen als in wirtschaftlich guten Zeiten. Dies ist problematisch, weil Existenzgründer 3 bis 5 Jahre brauchen um etabliert zu sein. Es ist hilfreich, wenn auch bei guter Konjunktur Existenzgründungen stabil bleiben oder zunehmen. Das ist aber in Deutschland nicht der Fall, sondern es gab einen Rückgang um 7%. gegenüber dem Vorjahr. Die Rahmenbedingungen können noch weiter verbessert werden. .

> Existenzgründer bilden die Basis für eine stabile Wirtschaft. Die Anzahl der Gründerinnen hat sich von 38% auf 42% erhöht, die der Männer von 62% auf 58% gesenkt.

Dieser Trend wird weiter zunehmen, da für Frauen die Selbständigkeit oft auch wegen der Kinderbetreuung günstig ist, da sie ihre Arbeitszeit freier einteilen können. Die Gründungsneigung ist in Deutschland sehr gering. Laut GfK können sich 75% aller Erwerbsfähigen keine Selbständigkeit vorstellen. 14% können es sich etwas vorstellen und nur 3% können es sich sicher vorstellen. Das ist schade, weil im internationalen Vergleich Existenzgründer in Deutschland gutes Fachwissen und Berufsausbildung/Studium, bzw. Arbeitserfahrung haben. Es wird in Deutschland enormes Wachstumspotential verschenkt, wenn sich nur so wenige Menschen selbständig machen wollen. Von diesen spärlichen Gründungswilligen wollen sich nur 12% im Vollerwerb selbständig machen. 30% zuerst im Nebenerwerb und dann später eventuell im Haupterwerb. 8% wissen gar nicht, was sie wollen (Quelle GfK/ Amway 2013)Auf der anderen Seite hat die Anzahl der Firmeninsolvenzen seit 1950 von 5.168 auf 28.304 im Jahr 2012 zugenommen (Quelle Statistisches Bundesamt 2012). Die Insolvenzen sind noch von den Gründungen abzuziehen. Die meisten Gründer starten als Einzelunternehmen. Ihr Anteil an allen Firmeninsolvenzen beträgt 3,6 %. Das ist ein gutes Ergebnis, welches nur noch von AGs (0,8%) übertroffen wird (Bürgel). Diese Quote gilt aber für etablierte Einzelunternehmen. Gewerbebetriebe haben mit 40,6% die größte Insolvenzquote, gefolgt von GmbHs mit 34,3%. Banken vergeben trotzdem Kredite an Einzelunternehmen sehr restriktiv, was aufgrund dieser Fakten nicht nachvollziehbar ist. Es gibt aber zukunftsweisende, positive Ansätze, die im Finanzierungsteil vorgestellt werden und ein Schlüssel zum Erfolg sind.

1.2 Die Risiken und Chancen von Existenzgründern

Risiken erkennen und Auswege finden

Fachwissen

Existenzgründungen erfordern spezielles Fachwissen, welches selbst ehemalige Topmanager oft nicht haben, solange sie nicht selber eine Firma gegründet haben. Hier ist ein staatlich gefördertes individuelles Gründercoaching hilfreich. Ein guter Gründercoach verfügt über aktuelles Gründerwissen, kann es praxisnah vermitteln und mit guter Coaching-Ausbildung Gründer auch motivieren, wenn sie den Mut vorübergehend verlieren.

Finanzen

67% aller Existenzgründer (Quelle BMWI) kommen ohne Fremdkapital aus. Weniger als 10% aller Gründungen benötigen mehr als 100.000 €. Der Schwerpunkt des Kapitalbedarfs liegt bei 5.000 € bis 25.000 €. Es gibt spezielle KfW-Kredite, Mikrokredite, Business Angel, Crowdfunding etc. als Finanzierungsquellen. Dies wird im Kapitel Finanzierung detailliert dargestellt. Beim Umgang der Banken mit Existenzgründern gibt es noch Optimierungsbedarf. Viele Banken wissen nicht, dass Selbständige sich wie jeder Arbeitnehmer gegen Arbeitslosigkeit versichern können. Banken befürchten oft, dass von heute auf morgen die Kunden und damit die Einnahmen für Existenzgründer wegbleiben. Dies ist oft unbegründet. Selbständige sind meistens sehr engagiert, kundenorientiert und akquisestark. „Wir geben lieber einem ALG II (Hartz IV)-Empfänger einen Kredit. Da wissen wir wenigsten, dass regelmäßig Geld kommt“ gibt es häufiger für Gründer zu hören. Solche Aussagen zeugen von wenig Sachkenntnis und von Arroganz, die bei der schlechten Lage der meisten Banken besonders fehl am Platze ist. Wenn es um die Rückzahlungsfähigkeit von Krediten geht, wird von Banken meistens auch kein Unterschied gemacht, was der Existenzgründer beruflich machen kann. Die meisten Existenzgründer haben eine sehr gute Ausbildung und können beim Scheitern ihrer Selbstständigkeit meistens leichter einen guten Job bekommen als Angestellte, und ihre Schulden damit schnell zurückzahlen. Sie haben bewiesen, dass sie risikobereit sind, Eigeninitiative haben, Kunden gewinnen können und sehr arbeitswillig sind.

Chancen erkennen und erfolgreich nutzen

Es gibt zwei Arten von Existenzgründern. Die eine Gruppe gründet aus Überzeugung und kann die Gründung in Ruhe vorbereiten und umsetzen. Die andere Gruppe gründet aus der Not wie z.B. Arbeitslosigkeit oder gar ALG II (Hartz IV). Beide Gruppen sind gemäß diverser Studien gleich erfolgreich. Der erhöhte Druck bei den „Notgründungen“ kompensiert die mangelnde Vorbereitung. Die besten Geschäftsideen entstehen, wenn sich ein Gründer über etwas ärgert, wenn ihm etwas fehlt oder nicht gut genug ist. Dies nennt man customer‘s pain, aus ihm entstehen die besten Geschäftsideen.

1.3 Bin ich ein Gründertyp? Wissen, was man will

Es klingt selbstverständlich, in der Praxis gibt es aber oft Unsicherheit in diesem wichtigen Bereich. Wollen Sie Angestellte haben oder lieber alleine arbeiten? Wie groß soll Ihr Unternehmen werden? Würden Sie für eine erfolgreiche Existenzgründung umziehen? Was machen Sie, wenn Sie Freunde verlieren? Unterstützen Ihre Frau und Ihre Familie Sie? Was machen Sie, wenn Sie scheitern? Wann würden Sie Ihre Selbständigkeit aufgeben? Was machen Sie, wenn ihre Produkte/Dienstleistungen keiner kaufen möchte – würden Sie dann ganz was anderes in Selbständigkeit machen?

> Vielen Existenzgründern ist die Langfristigkeit einer Gründung nicht klar. Wenn man einen jungen Gründer im Dienstleistungsbereich z.B. Designer fragt, wie er mit seiner Geschäftsidee 2 Mio € Umsatz machen möchte, erntet man oft ungläubige Blicke. Dies ist aber notwendig, wenn ein junger Gründer die 40 Jahre bis zur Rente selbständig sein möchte mit 50.000 € Umsatz pro Jahr. Bei dem oft gewünschten Umsatz von 100.000 € braucht er schon 4 Mio €. Eine Vorstellung von seinen Wunschkunden ist auch hilfreich, damit die selbständige Arbeit später auch genauso viel Spaß macht wie am Anfang gedacht. In der Gründerberatung ist es außerdem sehr wichtig herauszufinden, was ein Gründer gerne macht und was er (nach seiner Einschätzung) gut kann.

Hier machen sich Gründer oft etwas vor. Sie planen Tätigkeiten ein, die sie entweder nicht können oder nicht gerne machen. Sie werden dann scheitern, denn nur was man gut kann und gerne macht, wird große Erfolge bringen können. Im Gründercoaching ist es ferner empfehlenswert, systematisch zu erarbeiten, wie die drei wesentlichen Elemente einer Firmengründung zusammenpassen: Gründerperson, Ertrag und Markt.

Ein einzelner Existenzgründer ist immer der Motor seiner Firma. Wenn er ausfällt oder ins Stottern kommt, bricht die ganze Firma zusammen. Große, etablierte Firmen mit vielen Mitarbeitern haben diese besondere Herausforderung nicht. Unbewusste Ängste, Sorgen und Hemmnisse können durch Gründercoaching herausgefunden und erfolgreich gemeinsam mit dem Gründer bewältigt werden. Solche Hemmnisse sind besonders hinterhältig, weil sie das Denken des Gründers einschränken und damit die möglichen Wege zum Erfolg. Beispiel: Ein Gründer hat Angst vor dem Verkaufen seiner Dienstleistungen. Dies kann sich in ständigem Aufschieben der Vertriebsaktivitäten äußern. Er könnte viele unbewusste Ausreden finden, warum seine Dienstleistung noch nicht fertig ist etc. Das kann ihn die Existenz kosten.

Der mögliche Ertrag einer Existenzgründung wird oft auch nicht ausreichend thematisiert. Manchen Existenzgründern ist gar nicht bewusst, dass sie ihren Wunschgewinn aufgrund der Branche und/ oder des Marktes überhaupt nicht erreichen können. Viele Gründer haben außerdem nur eine diffuse Vorstellung, wieviel Umsatz und Gewinn machbar sind. Als Ertrag zählt aber auch Arbeitszufriedenheit, Selbständigkeit, Anerkennung etc. Gründer sind auch gut beraten, genau zu analysieren, wie sie ihre Arbeit in der Praxis wirklich einschätzen werden. Wenn eine Selbständigkeit viele Reisen erfordert, wird es eine Last sein für jemanden, der nicht gerne reist. Für einen anderen sind es Lust und Ertrag.

1.4 Wege zum Ziel

Wunsch: Ich möchte eine Yacht!

Ich kann mir eine Yacht kaufen, wenn ich das Geld habe, werden die meisten Menschen denken. Ich kann mir die Yacht aber auch mit Freunden teilen. Ich kann auf einer Yacht arbeiten. Ich kann eine alte Yacht reparieren und restaurieren. Ich kann einen Partner mit Yacht heiraten. Ich kann Lotto spielen.

Was hat dies mit Existenzgründungen zu tun?

Eine ganze Menge, den analog zu diesem plastischen Beispiel kann man eine Firma auf viele unterschiedliche Arten gründen.

Die meisten Existenzgründer möchten alles Erforderliche selber besitzen, alleine finanzieren und wenn das alles nicht geht, wird oft gejammert oder aufgegeben.

> Sie können aber auch eine Firma mit Freunden oder Partnern gründen. Wenn Sie eine GmbH mit 50.000 € alleine gründen wollen, wird dies für die meisten Personen ohne Fremdkapital schwierig, weil sie das erforderliche Eigenkapital nicht haben und die erforderliche Summe einem Auto der Oberklasse entspricht. Bei einer Gründung mit insgesamt drei Partnern beträgt die Investition nur den Gegenwert eines Kleinwagens (ca.15.000 €). Würde ein ganzer Gründerkurs in einem Seminar eine

GmbH gründen wollen, muss bei 25 Partnern nur der Wert eines tollen Fahrrades investiert werden. Ob dieser Vorschlag menschlich und organisatorisch optimal ist, wird sich noch zeigen. Die positive Wirkung auf die Finanzierbarkeit ist aber deutlich.

Andere Dienstleister zu nutzen ist auch sehr empfehlenswert. Viele Musikproduzenten wollen unbedingt ein eigenes Studio haben. Sie können aber auch fremde Studios stundenweise nutzen und sparen große Investitionen. Dies ist besonders wichtig, wenn die gewünschte Kreditsumme nicht gewährt wird. Dann können Gründer nur mit Dienstleistern arbeiten oder sie müssen ihren Traum von einer erfolgreichen Selbständigkeit aufgeben.

Eine Firma übernehmen ist das Trendthema. In Deutschland findet jede 7. Firma keinen Nachfolger, wenn der Firmeninhaber in Rente geht. Die Firma wird dann oft aufgegeben und Arbeitsplätze gehen verloren. Da wir in Deutschland eine zu geringe Existenzgründerquote haben, ist diese Entwicklung bedenklich. Eine Unternehmensnachfolge ist wie eine Existenzgründung. Der einzige Unterschied ist, dass diese Firma schon Kunden hat, was gut ist. Auf der anderen Seite gibt es aber auch bestehendes Personal, Maschinen etc., was Fingerspitzengefühl bei der Neuausrichtung erfordert.

Wenn ein Existenzgründer selber nicht über ausreichende Finanzmittel verfügt, kann er Investoren suchen, was im Kapitel Finanzierung ausführlich beschrieben wird.

1.5 Erfolgsfaktoren

Jede Existenzgründung verläuft individuell. Der Erfolg hängt von verschiedenen Faktoren ab, von denen nur ein Teil vom Gründer beeinflusst werden kann. Es gibt aber Eigenschaften und Sachverhalte, mit denen Gründungen erfolgsversprechender sind. Mit solchen Pluspunkten können Herausforderungen, auf die der Gründer keinen Einfluss hat, ausgeglichen werden.

1. Gute Gesundheit: Eine Existenzgründung erfordert viel Kraft, da besonders in der ersten Aufbauphase der Grundstrukturen in der Regel sehr viel mehr gearbeitet werden muss, als im Vergleich zu Angestellten. Dazu kommt noch die Kundengewinnung, die am Anfang viel Zeit kostet. Durch das selbstbestimmte Arbeiten empfinden Gründer die Arbeitsbelastung meistens weniger stressig. Gründer bauen sich eine eigene Existenz auf. Das hat einen „Häuslebauer-Effekt“. Wer sich ein Haus baut, kann einige Zeit auch sehr viel leisten, weil er ein höheres Ziel hat. Gründer sind sehr motiviert und erhalten dadurch meistens einen starken Adrenalinschub, der sie zu Höchstleistungen führt. Auf Dauer ist eine gute Work-Life-Balance anzustreben.

2. Starke Partnerschaft / Familie: Der Gründer ist der Motor seiner Firma. Je besser er von seinem nahen Umfeld unterstützt wird, umso mehr kann er leisten. Der erste Schritt ist ein konstruktives Gespräch mit dem Partner wegen der geplanten Selbständigkeit, da der Partner von den Auswirkungen betroffen sein wird (finanziell, zeitlich, emotional etc.). Macht sich zum Beispiel die Ehefrau eines Gründers Sorgen, lässt sie sich nicht beruhigen, wenn ihr Gründer-Ehemann sagt, „Schatz ich mache das schon. Ich weiß, was ich tue.“ Wenn er mit einer Existenzgründung noch keine Erfahrung hat, kann er dies selten ausreichend gut beurteilen. Dazu kommt, dass ein Gründer meistens seine Gründung durchziehen möchte, egal wie hoch das Risiko oder der Preis dafür ist. Da kann ein Gründercoach helfend zur Seite stehen mit Fakten und sachlicher Gesamtbeurteilung der Lage.

3. Branchenkenntnisse: Branchenkenntnisse sind essentiell. Das sollte selbstverständlich sein, aber besonders im Internet gründen auch gerne Personen ohne Branchen- und Fachkenntnis, weil sie der irrigen Annahme sind, im Internet wird leichtes und schnelles Geld verdient.

4. Unternehmerqualitäten: Die Schlüsselqualifikationen werden noch erläutert und dazu ist unternehmerisches Denken und Handeln erfolgsentscheidend.

5. Netzwerk, Kunden, Lieferanten, Partner: Dieser wichtige Punkt wird oft unterschätzt. Unternehmensgründer haben zu wenige Kontakte. Eine Faustformel sagt, dass ein Gründer mindestens 100 Kontakte braucht, um seine Firma erfolgreich aufzubauen. Im Buchkapitel „Service“ gibt es gewinnbringende und aktuelle Kontakte für Gründer.

1.6 Gründerfachwissen

Branchenwissen und Branchenerfahrung

Ein Existenzgründer braucht sehr gutes Fachwissen im Bereich seiner Dienstleistung. Durchschnittliches Wissen reicht nicht aus, weil die Kunden den besten Dienstleister wünschen. Ein Existenzgründer kommt später auf den Markt als seine Wettbewerber. Er hat wenige oder noch gar keine Kunden, in der Regel weniger Geld, weniger selbständige Erfahrung und wenn er bei einem neuen Kunden einen Fehler macht, heißt es schnell „der hat ja noch nie etwas richtig gemacht". Seinen etablierten Wettbewerbern werden Fehler eher verziehen, weil sie ja schon oft genug beweisen konnten, was sie können. Bei der Kundengewinnung, besonders bei Präsentationen/Pitch mit diversen Wettbewerbern, ist „gut nicht gut genug". Es gibt Fälle, in denen ein guter Designer 20-mal zu einem Pitch eingeladen wurde, aber nie einen Auftrag bekam, weil er zwar immer unter den fünf besten, aber nie der Beste war. Das kann seine Firma ruinieren. Diese Tatsachen sollen keinen Gründer demotivieren, sondern sensibilisieren und zu Höchstleistung anspornen. Die meisten Gründer haben vorher schon sehr gute Arbeit als Angestellte geleistet und können diese Qualität als Selbständige weiter ausbauen. Gründer sind außerdem sehr fleißig und engagiert. Dies wissen die Kunden auch als Qualitätsmerkmal zu schätzen und der Enthusiasmus eines Gründers hilft auch bei der Kundengewinnung.

Management-Erfahrung und Management-Talent

Jeder Selbstständige muss ein guter Manager sein. Es ist hilfreich, wenn er schon als Angestellter Managementerfahrung sammeln konnte. Es gibt in der Regel keinen Kollegen mehr, dem man ungeliebte Arbeit geben kann. Kreative Künstler müssen bei aller Kreativität auch die Mindestanforderungen an Buchhaltung und Steuerrecht erfüllen. Eine Existenzgründung ist extrem vielschichtig und deshalb ist ein ordentlicher Businessplan unerlässlich, an den sich ein Gründer auch halten soll. Er kann sich Unterstützung durch Fachleute holen, für z.B. die Buchhaltung. Er muss sich aber zumindest so viel damit beschäftigen, dass er einen Überblick hat und die wesentlichen Sachverhalte kennt.

Arbeitgeber und Arbeitnehmer in einer Person

Viele Selbständige freuen sich über ihre Freiheit und dass sie keinen Chef bzw. Arbeitgeber mehr haben. Es ist aber zu bedenken, dass sie diese Funktion in Personalunion ausüben. Jeder Gründer sollte sich ehrlich fragen, würde ich mich selber einstellen, weil ich der Beste bin? Einzelunternehmen, deren Gewinn ihr Gehalt ist, müssen ständig entscheiden, ob sie zum Wohle ihrer Firma/ihrer Rolle als Arbeitgeber auf Gehalt verzichten und das Geld in den Ausbau der Firma stecken. Bei der Arbeitszeit und Urlaubsplanung gibt es auch ständig diesen internen Arbeitgeber/Arbeitnehmer-Dialog.

1.7 Schlüsselqualifikationen

Schlüsselqualifikationen spielen eine wichtige Rolle für eine erfolgreiche Gründung. Ein Existenzgründer hat keinen Vorgesetzten mehr, der ihm hilft, sich weiter zu entwickeln. Er hat auch keine Kollegen mehr. Es müssen nicht alle Schlüsselqualifikationen optimal ausgeprägt sein. Es genügt, wenn der überwiegende Teil vorhanden ist.

Individualkompetenz

Das ist die Fähigkeit, sich selber zielorientiert erfolgreich zu managen. Dies setzt voraus, dass man klar definierte Ziele hat (Businessplan!). Da ein Gründer keinen Chef und keine Kollegen mehr hat, muss jeglicher Antrieb zum Firmenwachstum von ihm ausgehen. Leistungsbereitschaft ist die Basis zum Erfolg. Ehemalige angestellte Führungskräfte oder Geschäftsführer haben eine gute Ausgangslage. Wer schon als Angestellter sehr dienstleistungsorientiert und serviceorientiert gearbeitet hat, wird es auch leichter in der Selbständigkeit haben. Engagement und Motivation sind wichtig. Diese sind meistens sehr gut ausgeprägt bei Gründern. Flexibilität fällt Gründern manchmal schwer, weil sie noch nicht so gut einschätzen können, wann Flexibilität erforderlich ist. Sie halten sich dann lieber an ihren Ursprungsplan. Das ist o.k., denn zu viel Flexibilität mit ständiger Richtungsänderung verlangsamt das Firmenwachstum. Ausdauer ist bei vielen Gründern noch ausbaufähig. Junge Gründer und Gründer mit diversen Geschäftsideen geben nach praktischer Erfahrung oft zu schnell auf.

Methodenkompetenz

Methodenkompetenz ist die Fähigkeit, Lösungsstrategien zu finden und umzusetzen. Eine gute Analysefähigkeit ist existentiell. Ein Gründer sollte erkennen, wenn seine Geschäftsidee fundamentale Fehler enthält, wenn ihm unverzichtbare Fähigkeiten fehlen oder wenn es für seine Geschäftsidee keinen Markt gibt. Er braucht aber auch die genau entgegengesetzte Fähigkeit zur Kreativität. Nur kreative Unternehmen können langfristig erfolgreich sein (siehe Buch „Das kreative Unternehmen"). Das Denken in Zusammenhängern ist hilfreich, genau wie große und ständige Lernbereitschaft. Gute Rhetorik rundet das Profil des Existenzgründers ab.

Sozialkompetenz

Dies bedeutet, mit Menschen gut „können". Dazu gehört eine ausgeprägte Kommunikationsfähigkeit, Kooperationsfähigkeit und Einfühlungsvermögen (Empathie).

Die emotionale Intelligenz, also Erfolgsintelligenz, bauen Gründer in der Praxis oft während ihres Firmenwachstums durch die gesammelten Praxiserfahrungen aus. Ein gesundes Selbstbewusstsein hilft Gründern bei der Durchsetzung berechtigter Forderungen und natürlich auch beim Beschaffen von Informationen, beim Lernen etc.

1.8 Gründungsentscheidung

Wenn alles stimmt oder die wesentlichen Aspekte überwiegen – dann gründe deine Firma.

Wille

Der Gründer ist nach Abwägung aller Sachverhalte absolut überzeugt, dass er sich langfristig selbständig machen möchte. Dies muss nicht zwingend ein Vollerwerb sein, sondern kann auch nebenberuflich erfolgen und zeitweise wechseln.

Das Geschäftskonzept steht zumindest in den Grundlagen

Je besser eine Existenzgründung vor der Gründung durchdacht ist, umso besser sind die Erfolgschancen. Es ist sinnvoll, schon vor der eigentlichen Existenzgründung einen Businessplan zu erstellen.

Dort sind alle wesentlichen gründungsrelevanten Sachverhalte dargestellt und besonders auch Risiken und Chancen sachlich erfasst. Aus dem Businessplan entsteht eine Roadmap, in welcher die erforderlichen Handlungen priorisiert und zeitlich verbindlich gegliedert sind. Dort kann man auch etwaige zeitliche Hindernisse oder sonstige Restriktionen erkennen.

Können

Die Schlüsselkompetenzen sind überwiegend vorhanden.

Das Fachwissen und Branchenerfahrung sind vorhanden. Am einfachsten haben es Gründer, die genau das gleiche in ihrer Selbständigkeit machen, was sie schon als Angestellte gemacht haben. Gleich gute Chancen haben auch Gründer, die einen großen Teil ihrer Fachkompetenz und Erfahrung als Angestellte nutzen können, als Selbständige aber ihre Tätigkeiten branchennah weiter ausbauen.

Rahmenbedingungen

Das Geschäftskonzept ist plausibel und umsetzbar. Der zu erwartende Ertrag entspricht den angepeilten Lebensumständen. Die meisten Gründer machen sich über diesen wichtigen Punkt wenig Gedanken. Ihre Firmengründung muss sich lohnen. Es gibt eine große Bandbreite. Wer auf sich alleine gestellt ist, muss ohne frem de Hilfe von seiner Firmengründung auf Dauer angelegt auskömmlich leben können. Wer einen Ehepartner hat, kann die erforderlichen Kosten teilen. Wenn der Ehepartner gut verdient und der Gründer davon profitiert, kann der Gründer mit weniger Erfolgsdruck gründen. In der Praxis sind aber gerade Gründer mit Familie am erfolgreichsten, weil der Druck zum Geldverdienen positiv für die Gründungsentwicklung ist. Dazu kommt eine weitere Dimension der Sinnhaftigkeit, nämlich auch der Familie mit seiner Selbständigkeit Gutes zu tun. Familienmenschen bekommen außerdem noch zusätzliche emotionale Stabilität durch die Familie. Bei einer mittleren Risikobereitschaft sind gemäß diverser Studien die Erfolgschancen am höchsten. Wer zu viel riskiert, kann alles verlieren. Wer zu wenig riskiert, hat zu geringe Ressourcen, um erfolgreich zu sein.

2 Gründungsstrategie

2.1 Der Weg zum Erfolg

Was unterscheidet McDonalds von manch einer „Frittenbude"? McDonalds hat wie alle erfolgreichen großen Firmen eine langfristige, nachhaltige Strategie. So wird erkannt, wenn die Bevölkerung massiv altert, wenn es deutlich weniger Kinder gibt, wenn die Menschen sich weniger leisten können, weil Arbeitslosigkeit oder Wirtschaftskrisen ihr verfügbares Einkommen schmälern. McDonalds erkennt sogar frühzeitig, wenn sich Essgewohnheiten ändern und bietet dann z.B. Salate an. Viele Bundesbürger nehmen sich nicht mehr die Zeit, zu Hause zu frühstücken. Das freut McDonalds, und durch die neuen McDonalds-Frühstücksangebote gibt es eine noch bessere Auslastung der McDonalds-Restaurants. „Das kann man doch nicht mit meinem Kleinstunternehmen vergleichen", meinen viele Gründer. Es ist absolut vergleichbar. Jeder Gründer erhält seine „Daseinsberechtigung erst durch seine Kunden." Dafür muss er seinen Kunden einen deutlichen Kundennutzen bringen – die Probleme seiner Kunden lösen. Er muss seine Kunden kennen und deshalb eine Strategie entwickeln, wie er diesen Kundennutzen langfristig erbringen kann. Die Kundenbedürfnisse ändern sich und die Strategie muss dann entsprechend angepasst werden.

> **Beispiel**: Viele Menschen machen gerne Fotos. Das ist ihr Kundennutzen. Agfa dachte lange Zeit, ihre Kunden wollen auf ewig Farbfilme. Nein, die Kunden wollen Fotos, egal ob auf Farbfilm oder digital. Das digitale Fotogeschäft ist leider an Agfa vorbeigegangen.

Es ist für eine erfolgreiche **Gründungsstrategie** sehr wichtig, sich nicht zu verzetteln und zu viele verschiedene Dienstleistungen anzubieten. Viele Gründer haben die falsche Vorstellung, auf diese Weise mehr Kunden zu bekommen. Sie übersehen, dass bei einer zu breiten Dienstleistungspalette mit größerer potentieller Kundenanzahl der Wettbewerb ungleich höher ist und ihre Erfolgschancen aufgrund mangelnder Spezialisierung erheblich geringer sind.

In eine gute Gründungsstrategie gehören auch persönliche Umstände. Viele Gründer beachten nicht, wie stark sich Familienzuwachs oder andere familiäre Ereignisse auf ihr Gründungsgeschehen auswirken können. Hier ist die Unterstützung eines zertifizierten Gründercoaches wichtig, weil durch neutrale Hilfe von außen eingefahrene Denkmuster aufgebrochen werden können und gemeinsam mit dem Gründer konstruktive Lösungsansätze mit allen beteiligten Partnern gefunden werden.

2.2 Essentials Existenzgründung

> Eine erfolgreiche Existenzgründung hängt von drei Faktoren ab:
>
> 1. Kann der Gründer das?
> 2. Gibt es einen großen Kundennutzen und Kunden, die dafür zahlen – Markt?!
> 3. Reicht der Ertrag zum Leben?

Dies gilt für Firmen jeder Größe und in allen Branchen. Im Gründercoaching wird dieses Systemmodell systematisch erarbeitet, weil der neutrale Blick von außen für den Gründer hilfreich ist.

1. Person/Firma

Was machen Sie? Was wollen Sie? Wie viele Teammitglieder sind geplant? Was ist der Hintergrund des Gründers? Erfahrungen/Wissen/Qualifikationen/augenblicklicher Stand? Persönliche Lebenssituation: Familie/Kinder/Alter/Herkunft/Vita (Lebensweg bis zu mir), Auslandserfahrung, Praktika, Herkunftsfamilie etc.

2. Kundennutzen/Zielgruppe

Wo? Wie? Alter, Geschlecht, Kaufkraft, Wie erreiche ich die Zielgruppe? Wettbewerbsanalyse, Vor- und Nachteile etc.

3. Ertrag

Der Ertrag ist nicht nur monetär zu verstehen, sondern enthält auch Zufriedenheit, Selbstbestimmung, Sinn/Selbstverständnis, Freude, Verbesserung der Welt, Berufung, teilhaben lassen, Auslastung, Work-Life-Balance etc.

Dieses Systemmodell wurde auf der Basis von tausenden Existenzgründungen erarbeitet und wird ständig optimiert. In der Praxis zeigt sich immer wieder, dass die meisten Existenzgründer sich nicht ausreichend Gedanken darüber gemacht haben, was sie wollen. Dies geht am besten gemeinsam mit einem Gründercoach. Durch die ganzheitliche Betrachtung der Gründerperson werden alle relevanten Fragen diskutiert, bevor wegen einer nicht beachteten Schwierigkeit die Gründung scheitert (z.B. Familie/Partner zieht nicht mit etc.). Der Bereich Ertrag muss auch sauber gemeinsam erarbeitet werden. Manche Existenzgründung kann gar nicht erwirtschaften, was sich der Gründer wünscht oder mindestens zum Leben braucht. Es können dann Alternativen gesucht werden. Die gewünschte Auslastung ist auch mit dem Gründer zu besprechen. Nicht jeder möchte seinen Gewinn maximieren. Diese Fragen haben damit auch große wirtschaftliche Bedeutung und die Ergebnisse gehören in den Businessplan unter Gründerperson. Die meisten Existenzgründer „brennen mit starker Leidenschaft" für ihre Firmengründung. Da besteht die Gefahr, dass der Markt/die zahlungswilligen Kunden nicht sachlich genug erarbeitet werden und ihre persönlichen Wünsche, unbedingt ihre Gründung umzusetzen, „Vater des Gedanken" sind. Das kann ihre Firma ruinieren. Eine gründliche Erarbeitung dieser Punkte ist ein wichtiger Schlüssel zum Erfolg.

2.3 Erfolgsfaktoren für Firmengründungen

1. Ausreichender Innovationsgrad

Ein Firmengründer kommt immer neu auf den Markt. Seine Wettbewerber haben zu dem Zeitpunkt mehr Erfahrung, mehr Kunden und ihre Produkte/Dienstleistungen sind schon stärker etabliert. Wenn in Ihrer Nachbarschaft ein neues Spezialitätenrestaurant aufmacht, würden Sie das Restaurant neugierig besuchen, wenn alles genauso aussieht wie allen anderen Restaurants in Ihrem Umkreis? Die gleiche Speisekarte und kein individueller neuer Service. Oder wird Ihr Interesse nicht besser erweckt, wenn das Restaurant mit neuen, spannenden und leckeren Gerichten wirbt, einer neuen, ansprechenden Einrichtung und frischem, engagierten Personal? Diese Neuerungen können nicht immer bahnbrechend sein. Das ist auch nicht nötig. Ein „kleiner frischer Wind“ macht schon viel aus.

2. Tragweite und Bedeutung der Geschäftsidee

Wer erinnert sich noch an die Kaufartikel zur Fußball-WM 2010/ 2006/1974? „Schnee von gestern?“ Richtig. Solche Produkte haben nur eine begrenzte zeitliche Tragweite. Wer sich als Existenzgründer nur auf Produkte für eine Fußball-WM spezialisiert, muss sich nach der Fußball-WM mit großer Wahrscheinlichkeit eine neue Firmengründung überlegen oder sich einen neuen Job suchen. Wer sich allgemein auf Fußball-WM-Souvenirartikel spezialisiert, tut gut daran, die vier Jahre Pause zwischen den Fußball-WM zu nutzen. In der Praxis überschätzen viele Gründer die Tragweite ihrer Existenzgründung und halten kurzfristige Modetrends für nachhaltige Nachfrage. Besonders Existenzgründer mit Internetprojekten oder Software überschätzen die Tragweite ihrer Geschäftsidee, besonders auch weil durch die große Dynamik im Internet ein Geschäftsjahr im Internet sieben Geschäftsjahren in anderen Branchen entspricht. Die Tragweite und Bedeutung der Geschäftsidee definiert den Auswertungszeitraum, in dem das investierte Geld wieder erwirtschaftet werden kann, dies ist überlebenswichtig für jeden Gründer. Die Sicherung von Patenten spielt auch eine große Rolle für Gründer.

3. Guter Unternehmer

Jeder Existenzgründer ist der Motor seiner Firma. Von seinem Wissen, Können und Engagement hängen Erfolg oder Misserfolg der Firmengründung ab. Ein Unternehmer hat die Aufgabe, den Geschäftszweck des Unternehmens zu erfüllen. Er trägt das Risiko des Geschäfts. In der Praxis ist diese Aufgabe sehr komplex, weil ein Unternehmer Fachwissen, Verkaufstalent, aber auch sehr viel Leidenschaft und gleichzeitig Besonnenheit und Sachlichkeit braucht, um sein Unternehmen erfolgreich zu führen.

4. Ausreichend Kapital/gute Partner/Vernetzung und Transfer

Ausreichend Kapital verschafft dem Gründer den erforderlichen Spielraum, eine kurzfristige Geschäftsflaute zu überstehen oder ausreichend in Kundengewinnungsmaßnahmen zu investieren. Gute Partner und Vernetzung sind unerlässlich. In der Gründerforschung geht man von mindestens 100 Kontakten aus.

2.4 Entwicklungsphasen in der Firmengründung

1. Entwicklung der Geschäftsidee

Eine gute Geschäftsidee ist der Kern jeder erfolgreichen Firmengründung. Testen Sie einmal eine Geschäftsidee im Bekanntenkreis. Sie werden oft hören „ja, aber, das geht doch so nicht." Es ist ganz wichtig, dass eine Geschäftsidee nicht schon beim Entstehen von anderen Personen kaputt gemacht wird. Gute Ideen waren und sind der Motor für unseren heutigen Wohlstand. Autofahrer bedankt euch, dass die Idee entstanden ist, Kutschen könnten auch ohne Pferde fahren. Im ersten Schritt sollte die Idee aber zumindest einigermaßen plausibel sein (Ideas Stage). Im zweiten Schritt kann man den Kundennutzen und das Geschäftsmodell erkennen, welches dann im dritten Schritt weiter perfektioniert werden kann. In der Praxis entstehen oft durch das Gründercoaching neue Geschäftsideen oder Variationen/Optimierungen der alten Geschäftsidee.

2. Aufstellung des Businessplans

Der Businessplan dient in erster Linie dem Gründer/Unternehmen, ist aber auch für die Investorensuche/Finanzierung wichtig. Der Businessplan zeigt die langfristige Ausrichtung der Firma mit allen Risiken/Chancen, Maßnahmen sowie Umsatz- und Gewinnerwartungen. Die meisten Existenzgründungen sind Einzelunternehmen und werden überwiegend durch Eigenkapital finanziert. Größere Unternehmensgründungen brauchen Investoren, die in dieser Phase gewonnen werden.

3. Gründung und Expansion

Nach erfolgter Firmengründung ist schnelles und aber trotzdem stabiles Wachstum wichtig für eine erfolgreiche Entwicklung. Wer Investoren einbindet, ist gut beraten sich Gedanken zu machen, ob und wenn ja, wann und wie die Investoren wieder aussteigen können (Exit). Im Kapitel Finanzierung wird darauf genau eingegangen.

4. Etabliertes Unternehmen

Wenn die ersten drei Stufen erfolgreich überstanden wurden, haben Sie ein etabliertes Unternehmen. In der Firmenentwicklung sind meistens die folgenden Jahre kritisch, z.B das 3. Jahr, weil dann das Wachstum oft etwas nachlässt bei gleichzeitigem Anstieg der Kosten, weil viele Gründer weiter auf Expansion setzen. Es werden, sofern schon Gewinn erwirtschaftet wird, Steuern etc. fällig. Laut Definition zählen Firmen die ersten drei Jahre als Gründerjahre (gem. KfW 5 Jahre). Nach dem 10-jährigen Firmenjubiläum kann es oft auch noch einmal zu Umsatzeinbrüchen kommen, sofern sich das Unternehmen nicht ständig neu erfindet, regelmäßig Innovationen umsetzt und sich permanent um eine starke Kundenbindung bemüht. Ausnahmen bestätigen aber immer die Regel.

2.5 Bestandteile einer guten Geschäftsidee

Ist die Idee wirklich neu?

„Unsere Idee ist absolut neu und einmalig." Davon sind viele Existenzgründer absolut überzeugt. In dieser Deutlichkeit ist dies aber sehr unwahrscheinlich. Eine gründliche Recherche, ob die Idee schon existiert, ist überlebenswichtig. Es ist fatal, wenn Gründer sich große Marktanteile wünschen, die sie niemals erreichen können, weil es schon etablierte andere Unternehmen in einem kleinen Markt gibt. Es ist die „erste Gründerpflicht" ausgiebig im Internet, in Fachkreisen und allen verfügbaren Quellen zu recherchieren, ob es noch andere Gründer mit dieser Idee (oder etablierte Unternehmen) gibt. Dies ist weltweit zu betrachten. Wenn es z.B. eine gute Idee aus U.S.A. gibt, ist sehr stark davon auszugehen, dass sie früher oder später auch in Deutschland umgesetzt wird. Wer schnell ist, kann dies erfolgreich machen. Ein gutes Beispiel ist die Internet Business Community XING, basierend auf der Idee von LinkedIn aus U.S.A. Falls eine Idee nicht wirklich neu ist, kann eine Gründung aber trotzdem erfolgreich werden, sofern der Markt groß genug ist und sofern es günstige Wettbewerbschancen gibt. Der Gründer muss sich dann aber unbedingt auf diese Marktsituation einstellen und entsprechend vorsichtig planen.

Kann die Idee mit angemessenem Aufwand in vertretbarer Zeit umgesetzt werden?

Viele Gründer haben zu komplizierte oder zu aufwendige Geschäftsideen. Die einfachsten Ideen sind meistens auch die erfolgreichsten Ideen. Mit „Google“ findet man Inhalte im Internet besser. Die Maus (Computer) hat die Bedienung des PCs stark vereinfacht und mit „Excel“, hat man innerhalb von Sekunden ein neues Rechenergebnis. Die Gründerpsychologie belegt, dass bei vielen Gründern zu „komplexe Ideen“ und damit eine verzögerte Fertigstellung Resultat einer unbewussten Angst vor dem Scheitern sein kann. Oft resultiert eine zu komplexe Idee aber auch aus Selbstüberschätzung und Wunschdenken, was ein Gründer alles gerne macht. Es kann aber sehr gut konstruktiv jede noch so komplexe Idee aufgeteilt und priorisiert werden. Danach ist sie meistens gut umsetzbar. In einigen Bereichen wie z.B. Biotech bleiben Ideen komplex und die Umsetzung nimmt viel Zeit in Anspruch. Das ist in Ordnung, sofern Kapitalbedarf, Personal etc. entsprechend eingeplant werden.

Machbarkeit und Profitabilität

Geschäftsideen werden nur dann erfolgreich, wenn sie zu profitablen Geschäftsmodellen werden. Im Internet wurde als Geschäftsmodell sehr stark auf kostenlose Inhalte gesetzt. Dies mag die Verbreitung des Internets stark gefördert haben, bringt aber der Musik-, Film- und Buchindustrie Probleme, wenn dadurch die Zahlungsbereitschaft der Internetnutzer für digitale Inhalte sinkt. In den meisten Fällen ist der Kundennutzen der Kern für Profitabilität. Die Machbarkeit wird am besten durch konkrete Referenzkunden/Best Practice bewiesen. Wenn alle diese Punkte erfüllt sind, kann der Existenzgründer seine Firma gründen und mit ruhigerem Gewissen sein eigenes Geld riskieren. Investoren und Kreditgeber werden besonders auf den Punkt Machbarkeit und Profitabilität achten und in der Regel noch strengere Maßstäbe anlegen.

2.6 Die Zukunft kreativ und aktiv gestalten

„Eintagsfliegen" nennt man in der Musik Sänger, die einen großen Hit haben – und von denen kommt dann nichts mehr. Dies kann viele Gründe haben, oft fehlt es aber auch an Kreativität und neuen Ideen. In der Wirtschaft ist es genauso. In der heutigen Informationsgesellschaft können Ideen viel schneller geklaut werden und der Wettbewerb wird immer härter. Kreativität ist daher überlebenswichtig für jede Firma. Für Existenzgründer hat Kreativität eine noch höhere Bedeutung, da Gründer weniger Reserven haben, um Umsatzrückgänge zu überbrücken. Sie müssen sich außerdem im besonderen Maße gegen etablierte Wettbewerber durchsetzen. Kreativität braucht Raum. Trotz großer Beanspruchung durch das Tagesgeschäft ist es wichtig, als Existenzgründer immer wieder neue Ideen zu sammeln, mit Kunden kreative Verbesserungen zu erarbeiten und sich dadurch ständig neu zu erfinden. Externe Innovationsmanager können auch jungen Firmen neue lebenswichtige Impulse geben. Da viele Beratungen staatlich gefördert werden, ist so ein Service auch für Gründer erschwinglich. Der große Nutzen kommt durch den neutralen Blick von außen, professionellen Kreativitätstechniken und Erfahrungen mit erfolgreichen Firmen.

> „Fr. 21. September 2012, 09:46 (dpa/he vom 21.09.2012)
>
> „Zum Verkaufsstart des neuen iPhone5 hat sich vor dem Apple-Store in der Innenstadt am Freitagmorgen eine rund 100 Meter lange Schlange gebildet. Mitarbeiter von Apple ließen nacheinander jeweils drei Personen in den Laden und versorgten die Fans bis dahin mit Wasserflaschen. Kunden, die das Geschäft wieder verließen, jubelten. Einige Fans hatten in Schlafsäcken, auf Luftmatratzen und Campingstühlen auf die Öffnung des Geschäfts gewartet."
>
> Apple ist eine der wertvollsten Marken der Welt und hat einen Wert von rund 183 Mrd. USD. Die Grundlage dieses Erfolgs ist Kreativität.

Kreislauf der Kreativität

Ein kreatives Unternehmen hat immer eine kreativitätsfördernde Struktur mit flachen Hierarchien. Es gibt Incentives, sich auch außerhalb der regulären Arbeitszeit kreativ mit dem Unternehmen zu beschäftigen und während der Arbeitszeit kreative Gedanken zu ermöglichen, zu sammeln und umzusetzen. Fachbereichübergreifende Strukturen und Förderung des kollegialen Dialogs sind hilfreich. Aus den kreativen Ideen entstehen Innovationen, die zu realen Produkten führen. Kreative Produkte haben größere Chancen, erfolgreich zu werden. Wenn sie sich dann gut verkaufen und damit viel Geld verdient wird, kann sich das Unternehmen aus den Gewinnen wieder die Finanzierung der kreativen Ressourcen leisten und der erfolgreiche Kreislauf kann von vorne beginnen.

3 Businessplan erstellen

3.1 Zweck Businessplan

Mit einem guten Businessplan beweist der Gründer, dass er in der Lage ist, die vielfältigen Aspekte der Unternehmensgründung klar darzustellen. Da jede Firmengründung und Selbständigkeit komplex ist, ist ein Businessplan bei jeder Firmengründung erforderlich. Er enthält auch alle wesentlichen Bereiche, die für eine erfolgreiche Gründung wichtig sind. Die Größe des Unternehmens spielt dabei keine Rolle. Selbst bei einem Imbissstand müssen Hygienevorschriften, Lebensmittelrecht und Umweltschutzbestimmungen eingehalten werden. Es muss die Zielgruppe ermittelt werden, die Verkaufspreise, der richtige Standort entscheidet meistens sehr stark über Erfolg oder Misserfolg. Wer einen Imbissstand in der Nähe von Büros hat, muss sich überlegen, wie er Stammkundschaft gewinnt und dauerhaft hält. Der Businessplan dafür kann sehr kurz und einfach gehalten sein, soll aber alle Punkte enthalten.

In der Gründerberatung erlebt man oft, dass Gründer sich hoffnungslos verzetteln, wenn sie vor dem Start der Beratung noch keinen Businessplan haben. Es werden dann unnötige und unrentable Arbeiten gemacht, die wichtige Arbeit bleibt hingegen liegen. Mit einem Businessplan kann man Kunden und Partnern gegenüber seinen Geschäftszweck besser auf den Punkt bringen.

Ein Businessplan besteht aus den folgenden Inhalten:

- Executive Summary
- Produkt/Dienstleistung/Lösung
- Unternehmerteam
- Markt und Wettbewerb
- Marketing und Vertrieb
- Geschäftssystem und Organisation

- Chancen und Risiken
- Realisierung
- Finanzierung
- Gesamteindruck

Das Schema kann in den Details variieren, die wesentlichen Bestandteile sind aber immer enthalten.

3.2 Elevator Pitch

Stellen Sie sich vor, Sie arbeiten in New York bei einer Bank. Sie möchten eine tolle Idee mit dem obersten Chef besprechen und haben keine Chance, einen Termin zu bekommen, weil er so beschäftigt ist. Im Fahrstuhl erwischen Sie ihn auf dem Weg zu seinem Büro im 38. Stock. Sie müssen schon vorher aussteigen und haben genau 30 Sekunden, um ihn von ihrer Idee zu überzeugen. Unmöglich, weil Ihre Idee zu komplex ist? Weil man Fachwissen braucht um die Idee zu verstehen?

Lernen Sie es und üben Sie es! Es hilft Ihnen beim Aufbau der Firma und besonders bei der Kundengewinnung.

1. Bringen Sie den Gegenstand des Elevator Pitch auf den Punkt!
2. Schreiben Sie auf, wer Sie sind.
3. Listen Sie auf, was Sie für Ihren Kunden tun. Das ist der Kundennutzen.
4. Erklären Sie, was sich positiv für Ihren Kunden verändert.
5. Suchen Sie eine witzige, interessante oder provokante Einstiegsfrage. Das weckt Interesse!
6. Appell: Was soll der Kunde als nächstes tun?

Die Elemente einer Executive Summary im Businessplan können gut für einen Elevator Pitch verwendet werden.

Bei einem Businessplanwettbewerb wurde ein Firmengründer aus der Biotec-Branche gefragt, was er mache. Umständlich versuchte einer der Gründer den Nutzen darzustellen und empfand alle Umstehenden als unfähig, weil keiner seiner Zuhörer seine Fachbegriffe verstand. Da kam sein Kollege und meinte: „Wir sorgen dafür, dass die Kühe mehr Milch geben. Der Milchpreis wird steigen und Sie können große Gewinne machen und können sich davon eine Haus kaufen. Investieren Sie jetzt!“ Das ist ein gutes Praxisbeispiel, weil der Kundennutzen auf den Punkt gebracht wird (mehr Milch – mehr Gewinne). Der Hauskauf durch die Gewinne ist eine positive Veränderung für den Kunden, gefolgt von dem Appell, jetzt zu investieren. Sie sehen, dass der Elevator Pitch auch bei komplizierten Geschäftsfeldern funktioniert oder kennen Sie noch etwas komplizierteres als Biotech?

3.3 Executive Summary

In der Executive Summary steht das Wichtigste. Dies weiß man erst am Schluss und deshalb ist es gut, die Executive Summary zuletzt zu schreiben.

„Was für eine Firma gründe ich?“

„Meine Firma macht …“ (in einem Satz)

Ein Branchenfremder muss das Wesen der Firmengründung verstehen und das Wesentliche des Businessplans muss auf den Punkt gebracht werden. Das ist wie ein Elevator Pitch. Vorteilhaft ist, wenn schon in der Executive Summary Interesse für den gesamten Businessplan geweckt wird. Hier entscheidet sich, wie interessiert der Leser weiter liest. Die Kernaussagen sind kompetent und knackig zu formulieren, denn der Leser überträgt den ersten Eindruck auf den gesamten Businessplan. Eine sachliche Formulierung ist dabei hilfreich. Es kann aber trotzdem in der Einleitung die Motivation der Gründer gut dargestellt werden. Es ist auf Stimmigkeit zwischen den einzelnen Kapiteln des Businessplans zu achten. Da der Businessplan in den einzelnen Kapiteln öfters verändert wird, ist zu beachten, ob und wenn ja, wie sich dies auf die anderen Punkte im Businessplan auswirkt. Die Executive Summary ist sehr kurz. Es ist empfehlenswert, wirklich jedes Wort mehrfach zu optimieren, weil dadurch immer mehr die wirklich wesentlichen

Besonderheiten der Firmengründung erarbeitet und dargestellt werden. In der Praxis führt dies dazu, dass Passagen in den einzelnen Kapiteln des Businessplans noch einmal verbessert werden. Dies kann mehrfach hin und her gehen. Der Businessplan wird dadurch immer besser.

Wer es gut kann, darf in der Executive Summary auch eine Geschichte erzählen, die dann aber alle wesentlichen Kapitel des Businessplans kurz und knackig enthält. Dadurch wird die Machbarkeit der Firmengründung noch stärker betont. Der Leser kann dabei die Kundenperspektive einnehmen und der Kundennutzen wird ihm so noch stärker nähergebracht. Ein guter Kundennutzen ist der wesentliche Erfolgsparameter eines Businessplans. Stilistisch ist eine positiv-sachliche Wortwahl gut. Kritische Punkte im Businessplan sind zu erwähnen, können aber mit konstruktiven Lösungsvorschlägen verbessert werden. Optisch kann der Businessplan durch übersichtliche Textdarstellung, lesefreundliches Layout und einige gezielt eingesetzte Fotos gut wirken. Fortgeschrittene können die sachliche Darstellung in eine der Firmengründung entsprechende Tonalität bringen. In der Praxis gibt es oft mehrere leicht abgewandelte Businesspläne, um den jeweiligen Nutzer optimal zu informieren. So kann ein Gründer eine eigene persönliche Fassung des Businessplans haben, in der auch sehr persönliche Dinge stehen. Für Geschäftspartner, Behörden gibt es dann die „sachliche Version“. Für Banken sind oft kleine Veränderungen erforderlich, weil der Zahlenteil (Excel und Word-Text) deren persönlichen Wünschen entsprechen soll. Investoren sehen gerne eine Skalierbarkeit der Geschäftsidee. Dies kann man in ihrer Version noch weiter ausbauen. Die Inhalte des Businessplans sind entscheidend und nicht eine bestimmte Vorlage. Vorlagen aus dem Internet unbedacht zu übernehmen oder gar Standard-Branchenvorlagen abzugeben, ist nicht zielführend. Der Gründer kann dies als Hilfe nehmen, muss aber zum Schluss seine individuelle Firmengründung plausibel darlegen. Dann hat er im wahrsten Sinne des Wortes „einen Plan“.

3.4 Produkt/Dienstleistung/Lösung

Der Kundennutzen ist das Wichtigste des ganzen Businessplans. Nur wenn der Kunden einen messbaren Nutzen erlebt, wird er bereit sein, dafür zu zahlen. Das ist besonders wichtig, weil Unternehmen und besonders Existenzgründer naturgemäß ihr Produkt oder Dienstleistung im Fokus haben. Sie haben es entwickelt und würden gerne Kunden sein. Dies gilt aber nicht immer für andere Menschen. Kunden wollen Nutzen, wollen ihr Problem gelöst haben.

Beispiel

Sie kommen aus München und möchten in Berlin Kundschaft haben.

Dr. Grube, Vorstandsvorsitzender der Deutschen Bahn AG, denkt, Sie möchten mit seiner Bahn fahren. Christoph Franz, Vorstandsvorsitzender der Deutschen Lufthansa AG, denkt, Sie möchten mit seinen Flugzeugen fliegen. Torben Greve, Gründer von „Mein Fernbus", ist sich sicher, dass Sie mit dem Bus fahren möchten, denn sein Ziel ist, der bekannteste und beliebteste Fernbusanbieter Deutschlands zu sein und zu bleiben (gemäß www.meinfernbus.de).Wenn Sie über Videokonferenzen durch den Videokonferenzanbieter www.netviewer.de Ihre Kunden betreuen können und sich dadurch die Reisen sparen, bekommt die Videokonferenzlösung den Wert der ersparten Reiseaufwendungen. Durch diesen großen Kundennutzen kann Netviewer bessere Preise am Markt erzielen.

3.5 Unternehmerteam

Teamgründungen sind erforderlich, wenn ein einzelner Gründer nicht alle erforderlichen Kenntnisse/Eigenschaften oder ausreichend Kapital besitzt. Eine gemeinsame Vision der Teamgründer ist wichtig, um nachhaltig erfolgreich zu sein. Die Eigenschaften der Teammitglieder sollen sich ergänzen und Teamgeist/Ausdauer sind gefragt.

3.6 Markt und Wettbewerb

„Wir haben ein so tolles Produkt – da gibt es gar keine Wettbewerber", sind sich viele Gründer sicher. Dies ist aber immer genau zu recherchieren, denn wahrscheinlich gibt es dann auch keinen Markt, also keinen Kundennutzen/keine Kundenbedürfnisse. Das Internet ist die wichtigste Recherchequelle, weitere Quellen sind die Industrie und Handelskammern (IHK); Bundeswirtschaftsministerium (www.bmwi.de) sowie viele weitere im Serviceteil genannte Institutionen. Die folgenden Leitfragen sind für die Beurteilung des Marktes und des Wettbewerbs nützlich:

- **Erkenne die relevanten Kundenbedürfnisse**

  Dies schafft man nur durch intensive Gespräche mit dem Blickwinkel der Kunden.

- **Grenze dich durch Einzigartigkeit von der Konkurrenz ab**

  Dies fällt vielen Gründern in der Praxis schwer und erfordert viel „Gehirnschmalz".

- **Schaffe Kundenzufriedenheit**

  Dazu muss der Gründer wissen, was seine Kunden zufrieden macht. Dies bekommt er durch Markterkundung 104 im Quartier heraus und durch gute Gespräche.

- **Wie entwickelt sich die Branche?**

  Diese Frage ist essentiell für die Kreditvergabe bei Banken. Darüber hinaus ist es für Gründer wichtig, sich in zukunftsweisenden Branchen selbständig zu machen. Diese wichtige Frage stellen sich aber viele Gründer nicht, sondern fokussieren sich nur auf das, was sie gerne machen.

- **Wie ist die Rolle von Innovationen und technologischem Fortschritt?**

  Wenn dies in einer Branche eine entscheidende Rolle spielt, z.B. in der Internet-Branche, hat ein Gründer nur dann Erfolgschancen, wenn er technisch allen anderen Anbietern weit voraus ist.

- **Wie stark ist eine Marktsegmentierung möglich?**

Diese Frage ist wichtig, weil eine starke Marktsegmentierung es Gründern einfacher macht, in einem Markt gute Marktanteile zu erzielen. Kleine segmentierte Märkte sind spezialisierter als große Massenmärkte. Gründer können auch versuchen, sich einen kleinen Markt zu segmentieren und diesen dann entschlossen zu erobern.

3.7 Marketing und Vertrieb

Diese vier Bereiche beeinflussen wesentlich alle Marketingmaßnahmen und den Vertrieb:

Product - Price - Place - Promotion

Product

Bei jedem Produkt ist es wichtig, den Kundennutzen in den Vordergrund zu stellen. Kunden wollen Lösungen für ihre Probleme, während Existenzgründer leider oft ihr Produkt in den Vordergrund stellen. Bei Dienstleistungen und besonders in der Kreativwirtschaft kommt es sehr stark auf die Persönlichkeit des Gründers an. Er ist als Person einmalig und hat gute Chancen, in Verbindung mit kreativen Geschäftsideen ein starkes Alleinstellungsmerkmal zu schaffen.

Price

Viele Gründer versuchen mit günstigen Preisen Kunden zu gewinnen. Davon ist abzuraten, wie folgende Rechnung zeigt: Wenn ein Gründer bei 50 € Honorar/Stunde 30 Stunden pro Woche arbeiten muss, sind dies bei 50% Rabatt schon 60 Stunden. Da er dafür doppelt so viele Kunden braucht, verdoppelt sich auch seine erforderliche Akquisezeit. So kommt er leicht auf 80 Wochenstunden und das ist auf Dauer nicht durchführbar. Viele Gründer fragen sich erst gar nicht, ob die Kunden nicht sogar auch höhere Preise akzeptieren würden. Die Preiselastizität spielt daher eine wichtige Rolle. Wenn eine große Preiserhöhung nicht zu weniger Absatz führt, hat man eine vollkommen unelastische Nachfrage. Die ist der Fall bei Gütern und Dienstleistungen, die schwer substituiert werden können. Gründer sollten versuchen, dies durch ein starkes Alleinstellungsmerkmal zu erreichen.

Place

Das Internet wird immer mehr zum Verkaufsraum. Suchmaschinenoptimierung (SEO) hilft, potentielle Website-Besucher zu gewinnen. Bei der Gestaltung der Website ist auf Übersichtlichkeit zu achten.

Promotion

Existenzgründer müssen schnell wachsen und deshalb sind gute Vertriebsaktionen essentiell.

3.8 Geschäftssystem und Organisation

Diesen Bereich ignorieren viele Existenzgründer, weil sie Organisation nur für große Unternehmen als erforderlich ansehen. Zur Organisation gehört aber schon die Tagesarbeitseinteilung eines kleinen Einzelunternehmens. Eigenleistung oder Fremdleistung ist eine wichtige Frage. Wenn fremde Dienstleister eine Arbeit besser, schneller oder preiswerter leisten können als der Gründer, ist eine Fremdvergabe empfehlenswert. Zur Organisation gehört auch eine etwaige Netzwerkpartnersuche. Existenzgründer sollten sich immer fragen, warum eine Firma oder eine Person mit ihnen kooperieren will. Empfehlenswert sind Partnerschaften mit anderen Existenzgründern, weil sie sich dann auf Augenhöhe begegnen und gut voneinander profitieren können. Der Fokus auf die Stärken ist wichtig.

Eisenhower-Prinzip

Beim Eisenhower-Prinzip werden anstehende Aufgaben in Kategorien eingeteilt:

wichtig und dringend	sofort selbst erledigen
wichtig und nicht dringend	Aufgabe exakt terminieren und persönlich erledigen
nicht wichtig und dringend	an kompetente Mitarbeiter delegieren
nicht wichtig /dringend	nicht bearbeiten – in den Papierkorb

In der Gründerpraxis ist es oft schwer, die Aufgaben entsprechend zu sortieren, da meistens die Erfahrung fehlt. Es hilft aber schon, bei dringenden Anfragen zu eruieren, ob dies wirklich wichtig ist. Kritisch betrachtet kann ein Einzelgründer die Kategorie ***wichtig*** gut bearbeiten. Bei ***nicht wichtig und dringend*** steht er schlechter da, weil er meistens noch keine Mitarbeiter hat, an die er delegieren kann. Der Einsatz einer Roadmap, basierend auf dem Businessplan, ist hilfreich, zeitliche Engpässe gar nicht erst entstehen zu lassen. Eine Roadmap priorisiert und ähnelt daher einer To-do-Liste mit verbindlichen Terminen.

Selbstmanagement

Gutes Selbstmanagement ist eine wesentliche Gründerkompetenz. Dazu gehören Motivation, Zielsetzung, Planung, Organisation, Lernfähigkeit und Erfolgskontrolle durch Feedback. In der Wissenschaft wird die fünfte Generation des Selbstmanagement so bezeichnet:

1. Fokussierung auf das Wesentliche und entsprechende Steuerung der Gedanken
2. zielgerichtete Beeinflussung von Gefühlen und Stimmungen
3. die Fähigkeit Impulse aufzuschieben
4. Selbstmotivierung
5. Leistungssteigerung durch Lernfähigkeit und aus eigenem Antrieb.

Gründer profitieren in diesem Bereich stark von Gründercoaching, weil dieser persönliche Bereich am besten durch professionelle Hilfe von außen optimiert werden kann.

3.9 Chancen und Risiken

Dieses Kapitel des Businessplans ist extrem wichtig. Das Übersehen von Risiken kann die Existenz kosten. Das Versäumen von Chancen verhindert Umsatzsteigerungen.

Risiken

Risiken werden von vielen Gründern verdrängt. Es ist aber wichtig, Risiken zu bedenken. Banken fordern dies bei Kreditgesprächen ein, und ein verantwortungsvoller Umgang mit Risiken kann eine Firmengründung retten. Es ist wichtig, Risiken strukturiert zu analysieren und konstruktive Lösungen zu finden. Risiken zu erkennen fällt vielen Gründern schwer. Sie sind oft so stark von ihrer Gründung überzeugt, dass sie kaum Risiken sehen. Unbewusst haben viele Gründer auch Angst davor, ihren Gründertraum durch Risiken zu gefährden und verdrängen deshalb Risiken. Risiken können aber objektiv bewertet und damit beherrschbar gemacht werden.

Chancen

Chancen werden von Gründern meistens sehr gut erkannt und dargestellt. Durch Querdenken, Beratung von „außen" und konsequente Kundensichtweise können noch mehr Chancen gefunden werden. Bei Chancen werden Gründer oft euphorisch. Es ist zu beachten, dass Chancen auch nur eine gewisse Eintrittswahrscheinlichkeit haben und dann systematisch erarbeitet werden müssen. Die meisten Geschäftschancen werden erkannt, wenn der Gründer konsequent die Kundensicht einnimmt. Es gibt diverse Kreativtechniken, mit denen man neue Geschäftschancen erkennen kann. Wenn man Risiken löst, können daraus auch neue Chancen entstehen.

Gründercoaches können in diesem Kapitel gute Ergebnisse mit dem Gründer erreichen. Risiken werden durch lange Beratungserfahrung besser erkannt. Chancen entstehen durch den Blick von außen. Dieser Effekt ist am Anfang der Beratung am stärksten.

3.10 Realisierung

Dieser Teil kommt in der Praxis oft zu kurz. Viele Gründer planen und planen, ohne sich Umsetzungsziele und verbindliche Zeitpunkte zu setzen. Eine verbindliche **Roadmap** ist zur Realisierung empfehlenswert. Es werden dabei auch Prioritäten gesetzt. Viele Gründer nehmen sich zu viel in zu kurzer Zeit vor. Das erschwert eine Realisierung. Es kann aber auch unbewusste Angst vor Versagen dahinterstecken. Es ist hilfreich, seinen Businessplan und die daraus resultierenden Aufgaben in kleine Einheiten aufzuteilen. Sie können dann besser umgesetzt werden. Für eine erfolgreiche Realisierung ist es außerdem wichtig, in allen Kapiteln des Businessplans genau zu recherchieren und das Geschäftsmodell wirklich konkret durchzuarbeiten. Wenn z.B. Markt, Wettbewerb, Kundennutzen etc. nicht ausreichend realistisch erarbeitet wurden, wird eine Realisierung schwer. Es ist empfehlenswert, vor der Realisierung eine kleine Machbarkeitsstudie zu machen, damit es keine Überraschungen gibt. Dies gilt für alle Gründungen jeglicher Größe.

Bei der Investorensuche oder bei Kreditbedarf ist ein gewisser Grad der Realisierung Grundvoraussetzung für erste Gespräche. Die Partner wollen genau wissen, ob die Firmengründung nur im Kopf existiert, ob es nur vage Pläne und erste Prototypen eines Produkts gibt oder schon eine vermarktungsfähige Version. Die Realisierung einer Geschäftsidee zeigt, ob es funktioniert, zeigt das Interesse der Kunden und last but not least ob schon sofort Geld verdient werden kann oder nicht. Dies ist wesentlich für Kreditgeber. Existenzgründer sind außerdem unter einem starken Erfolgsdruck und müssen in der Regel sehr schnell von ihrer Selbständigkeit leben können. Dazu muss eine Geschäftsidee schon stark realisiert sein. Nebenberufliche Gründungen sind in dieser Hinsicht ideal, weil neben dem Angestelltenverhältnis die Selbständigkeit realisiert wird und wenn alles läuft, kann die Selbständigkeit hauptberuflich ausgebaut werden.

3.11 Finanzierung

Bei der Finanzierung werden folgende Modelle unterschieden:

Strategy follows Finance (Strategie folgt der Finanzierung)

Die Finanzierung beschränkt die strategischen Möglichkeiten.

Die Finanzierung bildet somit den wesentlichen Engpass bei der Strategieentwicklung.

Dies ist in der Praxis der häufigste Fall bei Gründungen.

Finance follows Strategy (Finanzierung folgt der Strategie)

Bei diesem Ansatz ist die Finanzierung nicht ein wirklich begrenzender Faktor.

Diesem Ansatz folgen Gründungsunternehmen und junge Unternehmen, deren Geschäftsmodelle und Strategien finanzstarke Investoren absolut überzeugen.

Low-Budget-Modelle

1) Selbstfinanzierung durch eigene Vermögenswerte und „nicht vergütete Arbeitsleistung".

2) Bootstrap-Ansatz, auch „FFF Family, Friends and Fools" genannt. Hier erfolgt die Finanzierung aus dem Familien- und Freundeskreis.

Big-Money-Modell

Hier wird groß gestartet und dann stark gewachsen. Dies trifft auf ca. 1% aller Gründungen zu.

Größere Existenzgründungen hängen von einer erfolgreichen Finanzierung ab. Seit der Finanzkrise 2007 ist es für kleine Unternehmen schwieriger, an Kredite zu kommen. Ein guter Businessplan ist immer noch die beste Grundlage für Kreditgespräche.

Die Kreditgeber interessieren sich für die Kapitaldienstfähigkeit des Gründers, also seine Fähigkeit den Kredit zu tilgen. Wenn z.B. ein Gründer 300 € Kreditraten pro Monat hat und gerade 300 € nach Abzug der Kosten und Lebensunterhalt übrigbleiben, kann es eng mit der Rückzahlung werden. Die Kapitaldienstfähigkeit ist prognoseorientiert und zukunftsbezogen. Ausgangsgröße ist der erweiterte Cashflow.

Gründer müssen z.B. 10 % Umsatzeinbruch und 5 % Kostensteigerung plus 2 % Zinssteigerungen im Idealfall verkraften können. Diese Größenordnung ist auch häufig bei Stresstests zu finden, denen sich auch Banken selber im Rahmen des Risikomanagement seit der Bankenpleite der Lehmann Brothers stellen müssen. Bei der Auswahl der richtigen Finanzierung ist ein Existenzgründungsberater sehr empfehlenswert, weil er alle Möglichkeiten kennt und im Interesse des Gründers optimal empfehlen kann.

3.12 Gesamteindruck

Der Gesamteindruck ist beim Businessplan entscheidend. Es werden oft Sachverhalte in den einzelnen Businessplankapiteln verändert, die dann große Auswirkungen auf den gesamten Plan haben. Im Marketingteil gibt es z.B. eine neue Idee, deren Umsetzung mehr Personal erfordert, wozu mehr Kapital benötigt wird. Wenn der Gesamteindruck nicht stimmig ist, wird es schwer, Banken und Investoren zu überzeugen.

Es ist empfehlenswert, noch einmal alle einzelnen Teile des Businessplans auszudrucken und auf dem Tisch ausgebreitet akribisch zu untersuchen. Für einen guten Gesamteindruck spricht:

- **Redundanzen vermeiden**
  Diese entstehen in der Praxis leicht, weil es oft schwer fällt, Sachverhalte in die passenden Kapitel des Businessplans einzuordnen.
- **Jeder einzelne Aspekt der Existenzgründung** sollte von vorne bis hinten systematisch und logisch verfolgt werden. Sie starten z.B. mit der Finanzierung und gehen systematisch alle Finanzierungsthemen im Businessplan durch. Dann können Sie den Kundennutzen, der Schlüssel zu Ihrem Erfolg, systematisch überprüfen. Marketing und Vertrieb müssen den Kundennutzen widerspiegeln. Wenn er sehr groß ist und Sie über ein gutes Alleinstellungsmerkmal verfügen, hat dies positive Auswirkungen durch geringeren Wettbewerb. Sie können höhere Preise durchsetzen und last but not least erhöht dies die Chancen einer Finanzierung.
- Die **Executive Summary** wird zum Schluss geschrieben und deshalb muss vorher auch noch der Gesamteindruck mit allen Verbindungen aller Kapitel überprüft werden. Die Executive Summary prägt sich am besten ein und ist oft das einzige, an das sich Investoren oder Partner erinnern.

Zu einem guten Gesamteindruck gehört auch eine durchgehende Tonalität, also Wortwahl und Stil der Darstellung. Man kann durch gute Formulierungen noch etwas mehr herausholen und es ist selbstverständlich auf absolut korrekte Schreibweise zu achten. Bilder und eine übersichtliche Gliederung verbessern den Businessplan noch einmal. Erfolgsgrundlage sind aber immer die wirtschaftlichen Fakten.

3.13 Businessplan-Wettbewerbe

Es gibt deutschlandweit Businessplan-Wettbewerbe mit dem Ziel, Existenzgründungen zu fördern. Die meisten Wettbewerbe sind dreistufig.

1) Ideas Stage

In dieser Phase wird darauf geachtet, dass die Geschäftsidee plausibel ist. Viele Gründer beklagen, dass ihre guten Geschäftsideen von Bekannten oder Freunden schnell kritisiert werden, wenn noch nicht alle Details und Geschäftsmodelle vollständig erarbeitet sind. Dies ist ungerecht und schade. In dieser Phase kann dies noch nicht geleistet werden und so werden leider viele Firmen nicht gegründet.

2) Development Stage

In dieser Stufe muss es schon erfolgsversprechende Geschäftsmodelle geben und eine sehr gute Recherche und Analyse des Marktes, der Wettbewerber und ganz besonders strenge Analyse des Kundennutzens. Erste Gedanken zur Finanzierung und konkreten Organisation sind auch hilfreich. Es muss aber noch nicht alles perfekt sein.

3) Excellence Stage

Wie der Name sagt, muss in dieser Phase alles passen und es darf keine offenen Fragen mehr geben.

> **Expertentipp**: Es ist sinnvoll, den Businessplan noch einmal komplett von Phase zu Phase zu erarbeiten. Das Ergebnis wird erheblich besser, als wenn nur die bestehenden Inhalt vertieft werden**. Gründer brauchen nicht die erste Idee, sondern die beste Idee zum Erfolg.**
>
> Erfahrene Berater fungieren bei diesen Wettbewerben als Juroren oder Coaches.
>
> Als ein herausragender Wettbewerb in Deutschland zählt der Ideenwettbewerb ***Leuchtturm*** www.wackstum.de

3.14 Die Erfolgsrezepte der Gewinner

Erfolgreiche Businesspläne weisen erfahrungsgemäß folgende Gemeinsamkeiten auf:

1) Die Geschäftsidee ist gut

Das klingt einfach und einleuchtend. In der Praxis werden Existenzgründungsberater oft als Retter angesehen, die „schon helfen werden, einen guten Businessplan zu machen". Kein Businessplan kann besser sein, als die ihm zugrunde liegende Geschäftsidee. Man kann inhaltlich und sprachlich das Beste herausholen, aber keine mittelmäßige Idee zu einem Spitzen-Businessplan formen.

2) Der Kundennutzen steht konsequent im Mittelpunkt

Mit dem Kundennutzen steht und fällt jeder Businessplan und jede Firmengründung. Es ist dabei entscheidend, welchen Nutzen der Kunde empfindet, und nicht, welchen Nutzen der Gründer dem Kunden „unterstellt". Das hört sich selbstverständlich an und jeder Gründer meint, dies ausreichend zu berücksichtigen. Wenn aber die Kunden ausbleiben, ist oft kein oder nur geringer Kundennutzen da. Falls Kunden nicht annähernd den gewünschten Preis für die Dienstleistungen/Produkte des Gründers zahlen möchten, ist dies in einem gesunden Markt meistens ein Zeichen für geringen oder fehlenden Kundennutzen.

3) Die besten Ideen sind oft einfach

„Wir bieten Ihnen optimierte Algorithmen, mit deren Hilfe HTML-codierte Programmeinheiten nach semantischen und anderen Merkmalen mit robots erfasst werden können" – sehen Sie hier einen Kundennutzen? Wissen Sie überhaupt, um was es geht? – „Nutzen Sie Google und Sie finden alle von Ihnen gewünschten Inhalte zuverlässig in Sekundenschnelle". So wird der Kundennutzen doch viel deutlicher kommuniziert.

4) Branchenfremde können den Businessplan auf Anhieb verstehen

Der Businessplan richtet sich oft an Branchenfremde. Dies können Banken sein, Partner aus anderen Branchen, Behörden und Institutionen. Durch einen deutlichen und deutlich gemachten Kundennutzen wird branchenfremden Lesern das Verständnis erleichtert. Nutzen Sie sachlich fundierte, aber gerne auch plakative Nutzenaussagen wie: „Wir sorgen dafür, dass die Kühe mehr Milch geben“ Alle dahinterstehenden biotechnologischen Details verstehen Branchenfremde nicht. Der Kundennutzen mehr Milch, am besten in Kombination mit einem steigenden Milchpreis, lässt Investorenherzen höher schlagen. Erst wenn über diesen Nutzen Interesse und Begeisterung geweckt wurden, können dann die Fachleute des Investors und des Investorensuchers fachlich abchecken, ob dieser Nutzen wie versprochen umgesetzt werden kann.

4 Die Gründung umsetzen und ins Rollen bringen

4.1 Gründertipps

Aus langjähriger Gründerberatungspraxis ergeben sich branchenübergreifend und auf viele Personen zutreffend folgende Tipps:

Sich auf das Wesentliche konzentrieren!

Existenzgründer haben sehr vielfältige Aufgaben zu bewältigen. Kundenbetreuung: Ihre Dienstleistung ist der Mittelpunkt aller Handlungen. Ein Designer z.B. möchte möglichst viele umsatzwirksame Stunden, die er seinen Kunden berechnen kann. Fortbildung: Viele Existenzgründer müssen sich stark umstellen. Sie gründen oft aus einem Angestelltenverhältnis heraus, in dem sie hilfreiche Kollegen und Vorgesetze hatten. Dies fehlt ihnen jetzt und sie müssen diese Lücke mit Fortbildung etc. schließen. Dazu kommt noch Fortbildung, wenn sie ihr Leistungsspektrum gegenüber ihrer früheren Tätigkeit erweitern, z.B. Event-Design, Online-Design, neue Designsoftware etc. Die größte Umstellung ist die permanente Kundengewinnung. Das haben vorher oft Kollegen gemacht. Jetzt muss der Gründer selber für seine Kunden sorgen und fängt meistens ohne Kundendatei mit den ersten Kunden an. Um erfolgreich Kunden zu gewinnen ist auch oft eine Fortbildung in Vertriebs- und Verkaufsschulung erforderlich. Da jeder gute Verkäufer auch eine bestimmte Persönlichkeitsstruktur braucht, sind hier oft weitere Fortbildungsseminare erforderlich.

Büroorganisation: Interessenten erfassen – nachhalten – Verkaufsgespräche führen und dokumentieren – Angebote schreiben – Verkaufsverhandlungen abschließen und dokumentieren – Dienstleistungen dokumentieren – Rechnungen schreiben – Zahlungen anmahnen – Zahlungseingänge verarbeiten – Rechnungen prüfen und zahlen – Büro- und Arbeitsmittel verwalten und rechtzeitig bestellen etc.

Markenaufbau: Erfolgreiche Gründer schaffen es, sich „einen Namen zu machen“. Sie setzen sich durch dieses starke Alleinstellungsmerkmal von Mitbewerbern ab, gewinnen mehr Kunden und verringern die Gefahr, sich einem ruinösen Preiswettbewerb auszusetzen. Ein guter Markenaufbau ist auf den Kundennutzen fokussiert, erfordert viel Kreativität, einen guten Marketingplan, zielgerichtete professionelle PR, meistens persönlichen Kontakt auf Networkingveranstaltungen, Vorträge etc. und damit viel Zeit.

Kundenbetreuung: Sie ist das Wesentlichste für jeden Existenzgründer. Seine Kunden geben ihm seine „Daseinsberechtigung". Fortbildung ist wichtig, um auch in Zukunft seinen Kunden optimal betreuen zu können. Das Ausmaß der Fortbildung ist abhängig von der angebotenen Dienstleistung. Im Bereich Informatik, technisch orientierten Dienstleistungen und bei Unternehmensberatern ist der Fortbildungsanteil sehr hoch. Büroorganisation muss soweit funktionieren, dass alle vitalen Funktionen der Firma gewährleistet sind, und der Markenaufbau funktioniert am besten konsequent neben den oben genannten Funktionen. Bei dieser Komplexität wird noch einmal die große Bedeutung des Businessplans deutlich. Wenn eine Arbeit wichtig ist, gehört sie in den Businessplan und muss gemacht werden. Wenn sie nicht im Businessplan steht, ist sie wahrscheinlich nicht wichtig und muss dann auch nicht gemacht werden. Ein guter Businessplan muss ständig aktualisiert werden und schützt dann vor Verzettelung.

4.2 Existenzgründer-Checkliste

1) Ausgangslage

Wird aus der Arbeitslosigkeit (Kündigung) gegründet, sind Gründer oft unvorbereitet und unter großem Erfolgsdruck. Wer selber kündigt und aus Überzeugung gründet, ist meistens besser vorbereitet. Die Erfolgsquote ist bei beiden gleich, weil die vermeintlich schwächere Situation des Gekündigten durch stärkeren Erfolgszwang kompensiert wird.

2) Abhängigkeiten

Ein guter Rückhalt durch die Familie ist förderlich. Jeder Existenzgründer muss im Laufe seiner Gründung Schwierigkeiten überwinden. Da helfen Zuspruch und emotionale Stärkung durch die Familie. Wenn der Gründer dann auch noch praktisch von Familienaufgaben entlastet wird oder ihn seine Familie tatkräftig bei der Arbeit unterstützt, wird dies die Gründung voranbringen und das Gemeinschaftsgefühl stärken. Ausreichend Startkapital ist hilfreich. Hier gibt es in Deutschland noch Optimierungspotential, wie das Kapitel Finanzierung zeigt. Diverse Studien belegen, dass Existenzgründer mit Familie überdurchschnittlich erfolgreich sind. Familie diszipliniert, motiviert und fordert aber auch einen Mindestgewinn, von dem die Familie leben kann. Gründer mit Familie wollen außerdem nicht, dass die Familie unter der Selbständigkeit finanziell leidet.

3) Potential und Stärkenanalyse

Persönliche Stärken: Erfahrungen, Wissen und Persönlichkeit. Jeder Gründer ist meisten der einzige Motor seiner Firma. Da muss er stark sein. Im Gründercoaching wird auf die Aktivierung der Gründerfähigkeiten sehr viel Wert gelegt. Falls ein Gründer Ängste oder Bedenken hat, wird er viele gute erfolgsversprechende Ideen nicht umsetzen. Er wird bei unbewussten Ängsten gar nicht erst auf die Idee kommen und dadurch viel verschenken. Im Gründercoaching können solche Blockaden erkannt und gelöst werden.

4) Produkt und Dienstleistungen: USP (Unique Selling Proposition - Alleinstellungsmerkmal)

Hier liegt der wesentliche Schlüssel zum Gründungserfolg. Gründer sind gut beraten, ihre Einzigartigkeit herauszustellen. Viele Menschen sind zur Bescheidenheit erzogen und wollen nicht als „Angeber" angesehen werden. Für erfolgreiche Gründungen ist es ratsam, hier über den „eigenen Schatten zu springen" und seine Einzigartigkeit herauszustellen.

5) Konkurrenten

Wer sind die Mitbewerber? Was können sie? Eine Wettbewerbsanalyse hilft Klarheit zu finden. Im Wettbewerbskreis 1 (W1) befinden sich Wettbewerber, die genau das gleiche machen und daher Stücke vom Wettbewerbskuchen wegnehmen können. Durch starke Fokussierung auf eine gutes Alleinstellungsmerkmal und Markenaufbau des Gründers ist zu versuchen, diesen direkten Wettbewerb möglichst auszuschließen. Im Wettbewerbskreis 2 (W2) sind

Wettbewerber, die das Alleinstellungsmerkmal des Gründers kopieren können. Hier ist Vorsicht geboten und frühzeitige Gegenmaßnahmen durch weitere Differenzierung/Markenschärfung nötig. Der Gründer wird aber immer einen Vorsprung haben, wenn er das Alleinstellungsmerkmal erfunden hat. Wie stark Mitbewerber aus W2 den Gründer angreifen, hängt auch immer von der allgemeinen wirtschaftlichen Lage und dem Marktvolumen des Gründers ab. Wenn das Marktvolumen des Gründers im Verhältnis zum W2-Wettbewerber sehr klein ist, lohnt es sich für den Wettbewerber oft nicht, den Gründer anzugreifen. W3 sind alle Wettbewerber mit ähnlichen Produkten, die Berührungspunkte zur Zielgruppe haben.

> **Beispiel:** Ein Event-Veranstalter veranstaltet Open-Air-Zigeunerparties mit authentischer Musik, Akrobatik, Lagerfeuerromantik etc. Er ist als Existenzgründer der erste in Deutschland mit diesem Veranstaltungsformat. In W1 ist er konkurrenzlos. Aus W2 sehen drei etablierte Event-Veranstalter das Potenzial dieser Idee und kopieren das Format. Sie können dem Gründer dadurch Geschäft wegnehmen. Wenn der Gründer sich aber schon als „Original Zigeunernacht"-Veranstalter einen Namen gemacht hat, werden es diese Mitbewerber schwer haben. Wenn außerdem diese Veranstaltungen nur wenige Prozent ihrer Gesamtumsätze ausmachen, lohnt sich der Aufwand des Nachahmens für sie nicht und sie werden den Gründer in Ruhe lassen.

6. Differenzierung zum Wettbewerb

Wo bin ich wirklich nachhaltig besser? Jeder Mensch ist einmalig und da die meisten Existenzgründungen von einem einzelnen Menschen vorgenommen werden, ist dies eine gute Basis für eine Differenzierung zum Wettbewerb. Dieser Sachverhalt kommt in der Kreativwirtschaft noch viel stärker zur Geltung.

> **Beispiel:** In Ihrem Ort gibt es zehn Bäckereien. Die Backwaren sind sehr standarisiert in Form, Geschmack und Verkaufspreis. Die Bäckereien können sich nur durch kleine Dinge wie Ladengestaltung und Zusatzangebote wie Frühstück, kleine Snacks etc. differenzieren. In der gleichen Stadt haben Sie zehn Werbeagenturen. Da können Sie sicher sein, dass jede Werbeagentur Ihren Auftrag kreativ anders umsetzen wird.

7. Welchen Nutzen bringe ich?

Das wird Ihr Geschäftsfeld. Viele Gründer wissen nicht, welchen Nutzen sie bringen. Sie halten viele ihrer Eigenschaften für selbstverständlich. Es lohnt sich in die Nutzensuche viel Zeit zu investieren, denn darauf basiert später der Erfolg. Andere Gründer überschätzen ihren Nutzen oder sehen den Nutzen nicht aus Kundensicht.

8. Wo liegt mein USP für Kunden?

Hier zählt ausschließlich die Kundensicht wie in diversen Beispielen beschrieben. Der Kundennutzen muss auch relevant sein. Sie können bestimmt einen teureren Fernseher mit noch mehr Pixel-Auflösung kaufen. Wenn ihr Auge die zusätzlichen Pixel aber nicht erkennen kann, haben Sie keinen spürbaren Nutzen und werden das Gerät wahrscheinlich nicht kaufen.

9. Soll-Markt

Viele Gründer können in der Praxis nicht die Frage beantworten. was ihr Soll-Markt ist. Sie argumentieren dann, noch nicht zu wissen, welche Kunden kommen und außerdem brauchen sie ja jeden Kunden. Jeder Gastwirt weiß, dass er meistens solche Gäste anziehen wird, die seiner Persönlichkeit nahekommen. Jeder Gründer tut gut daran, seinen Idealkunden zu formulieren. Diesen Kunden kann der Gründer dann am Besten bedienen, weil dieser Kunden den persönlichen Gründerfähigkeiten ähnlich sind. Danach kommen dann weitere potentielle Kunden, die nicht ideal sind, aber deren Bedürfnisse der Gründer noch gut abdeckt. Drittens können dann neue Zielgruppen erschlossen werden.

> **Beispiel:** Ein Designer macht sich direkt nach seinem Studium selbständig. Er ist noch jung und wirkt noch sehr studentisch. Seine Idealkunden sind erstens junge, unkonventionelle Firmen. Diese Firmen kann er gut betreuen, weil dies seine absolute Stärke ist. Zweitens können sich dann potentielle Kunden durch Firmen ergeben, die zwar nicht jung und grundlegend unkonventionell sind, aber einmal Unkonventionelles ausprobieren möchten. Hier kann er seine Stärken umsetzen, hat aber eine größere Herausforderung, weil Unkonventionelles für diese Firmen neu ist. Sie sind aber offen und bereit dafür.

Diese beiden Kundensegmente sind erfolgsversprechend. Der Designer kann danach drittens eine neue Zielgruppe angehen. Dies können Traditionalisten sein. Er kann auch hier erfolgreich sein, falls es ihm gelingt, die Bereitschaft für Unkonventionelles zu wecken oder alternativ seinen Designstil traditioneller zu gestalten. Es kann aber auch zum Misserfolg führen, wenn er in seinem studentischen und unkonventionellen Wesen nicht als geeigneter Dienstleister von dieser Zielgruppe angesehen wird. Dies ist dann aber nicht seine Schuld. Es ist tragisch, wie viele Firmengründungen unnötigerweise aufgegeben werden, nur weil bei Firmengründung ein falscher Markt ausgewählt wurde.

10. Zielgruppen

Die Mechanismen sind identisch zum Soll-Markt. In der Praxis sieht man oft, dass sich alle auf eine Zielgruppe stürzen.

Beispiel: In einer Stadt gibt es sieben Friseure. Alle visieren deutsche Kundschaft an, auch der einzige türkische Friseur; und dieser wundert sich dann, dass er nach zwei Jahren sein Geschäft aufgeben muss. Er hatte gar nicht daran gedacht, sich nur auf seine türkischen Landsleute zu spezialisieren, weil er hier durch seine Kenntnisse und seinen kulturellen Hintergrund besser ist als alle anderen Friseure. Viele Gründer haben bei der Zielgruppenbestimmung meistens das Bedürfnis, eine möglichst große Zielgruppe zu haben, weil sie sich dann durch den größeren Markt mehr Umsatz wünschen. Sie vergessen aber, dass es dann aber mehr Wettbewerber gibt, von denen sie sich erfolgreich differenzieren müssen.

Beispiel: Eine Designerin ist verzweifelt, weil sie zehnmal zum Pitch eingeladen wurde, aber keinen Auftrag bekam. Sie ist damit immer unter den letzten fünf Besten, aber nie die Beste. Eine Spezialisierung kann hier hilfreich sein.

4.3 Alles was Recht ist

Manche Existenzgründer machen sich große Sorgen, rechtlich alles richtig zu machen.

Andere sind sehr blauäugig und unterschätzen rechtliche Anforderungen.

Analytisch betrachtet gibt es folgende rechtlichen Berührungspunkte:

Vertragsrecht

Gründer machen mit ihren Kunden Geschäfte, bilden Partnerschaften, haben Geldforderungen und Zahlungsverpflichtungen. Als Freiberufler müssen sie darauf achten, keine Scheinselbständigkeit zu haben etc.

Hier sind die wesentlichen Bestimmungen im BGB (Bürgerliches Gesetzbuch) und HGB (Handelsgesetzbuch) zu finden.

Wettbewerbsrecht

Da Existenzgründer immer auch Wettbewerber haben und durch ihre Firmengründung anderen Marktteilnehmern ein Stück vom Kuchen abnehmen wollen, hat das Wettbewerbsrecht große Bedeutung. Es regelt, wie Marktteilnehmer fair miteinander umgehen. Gründer brauchen ausreichende Kenntnisse, um sich gegen unfaire Attacken von Mitbewerbern schützen zu können, die ihnen die Existenz kosten können. Auf der anderen Seite sind Gründer gut beraten, selber nicht unbewusst und ungewollt gegen Wettbewerbsrecht zu verstoßen.

Steuerrecht

Es ist ratsam für Gründer, sich einen Steuerberater zu nehmen. Das Steuerrecht ist kompliziert und ändert sich regelmäßig. Steuerberater haben überdies viel Erfahrung im Umgang mit Finanzämtern und können Hilfestellung geben, wie Betriebsausgaben, Abschreibungen etc. steuerlich einwandfrei erfasst und bearbeitet werden. Es ist ausdrücklich nicht gemeint, die potentielle Steuerlast zu drücken oder gar auf Null zu bringen. Ca. 95 % der Gründer sind kleine Unternehmen, die eher Gefahr laufen, aus Unkenntnis viel zu viel Steuern zu zahlen.

Juristische Definition der Selbständigkeit

Selbständigkeit ist juristisch nirgends definiert. § 7 Abs. 1 SB IV definiert nichtselbständige Arbeit. Das Gegenteil davon ist die Selbständigkeit.

Selbständige haben in der Praxis folgende Merkmale:

- Entscheidungsfreiheit über Produktionsmittel, Betriebsmittel, Finanzierung und Preise. Sie tragen ein eigenes Geschäftsrisiko, haben mehrere Kunden, haften für ihre Geschäfte und führen eigene Geschäftsbücher.
- Ein Existenzgründungsberater darf keine Rechtsberatung machen. Er hat aber gute Grundlagen und kann die rechtlichen Handlungsfelder gut herausarbeiten.

4.4 Das bedeutet Existenzgründung

Im internationalen Vergleich (Global Entrepreneurship Report) ist Deutschland fast Schlusslicht bei Existenzgründungen und bei der Selbständigenquote. Das ist auf Dauer nachteilig für eine nachhaltige Wirtschaftsentwicklung. Der Mittelstand umfasst 97% aller Unternehmungen und bietet über 60% aller sozialversicherungspflichtigen Beschäftigungsverhältnisse. Deutschland ist seit Jahrzehnten auf Großkonzerne fokussiert. Politiker sind dort schnell mit Finanzhilfen dabei und ein Verlust von 2.000 Arbeitsplätzen wird in allen Medien ausgiebig betrauert (Quelle, Nokia, Karstadt, Opel etc.).

500 Firmengründer können diesen Verlust auffangen, weil im Schnitt jeder Firmengründer vier Arbeitsplätze schafft. Gegen den dramatischen Rückgang der Firmengründungen wurde in den letzten Jahren von der Politik nichts Entscheidendes unternommen. Es wurde im Gegenteil der Gründungszuschuss massiv gekürzt, was zudem noch dazu geführt hat, dass tausende selbständige Berater ihre Existenzgrundlage verloren.

„Die Konjunktur boomt und wir haben jetzt ja genügend Arbeitsplätze“ ist eine häufig gehörte Politikermeinung. Existenzgründer schaffen aber heute die Arbeitsplätze von morgen. Nur sie können Unternehmensnachfolger sein, denn schon heute findet jeder 7. Unternehmer, der sich zur Ruhe setzen will, keinen Nachfolger, und diese Arbeitsplätze gehen unwiderruflich verloren. Es ist schade und zeugt von Kurzsichtigkeit, wenn dann in Zeiten hoher Arbeitslosigkeit Existenzgründungen überproportional gefördert werden und Menschen ohne Gründerpotential und Gründergeist zur Selbständigkeit „gedrängt werden“.

Es ist bezeichnend für Deutschland, dass die berufliche Selbständigkeit nicht rechtlich definiert ist. Die Merkmale für Arbeitsverhältnisse als Unselbständiger sind festgelegt und wer dies nicht erfüllt, ist selbständig.

Angestellter

- Fremdbestimmtheit der Tätigkeit, keine eigene Betriebsstätte, keine im Wesentlichen frei gestaltete Arbeitstätigkeit, kein Tragen des Unternehmerrisikos, Vereinbarung Lohn und Urlaub, Bindung des Auftragnehmers an nur einen Vertragspartner.
- Daraus ergibt sich dann für Selbständige: Entscheidungsfreiheit über Produktionsmittel, nicht weisungsgebunden, eigenes Geschäftsrisiko, Haftung für seine Geschäfte und das Führen eigener Geschäftsbücher.

4.5 Selbständigkeit

Formale Merkmale

- Gewerbeanmeldung, bei Freiberuflern eigene (Firmen)-Steuernummer vom Finanzamt
- Zahlung von Umsatzsteuer (sofern nicht Kleinunternehmer mit Steuerbefreiung)
- Zahlung von Einkommenssteuer statt Lohnsteuer
- Zahlung von Gewerbesteuer, sofern als Gewerbe angemeldet
- Selbstfinanzierung der Krankenkasse und Rente
- Berufsbezeichnung (z.B. Unternehmensberater)
- eigener Briefkopf und Marktauftritt

Die formalen Merkmale der Selbständigkeit sind übersichtlich.

Besonders wichtig ist der eigenverantwortliche Umgang mit der Sozialversicherung. Darauf wird in einem gesonderten Kapitel noch eingegangen.

Praxistipps

Lassen Sie sich nicht von steuerlichen Erwägungen zu stark leiten. Mancher Kleinunternehmer hat so große Sorgen, über die Bemessungsgrundlage zu kommen, dass es seine Geschäftsentwicklung behindert. Sie bezahlen nie mehr Steuern als Sie verdienen. Umgedreht macht es deshalb auch keinen Sinn, sein Unternehmen nur auf Steuerminimierung auszurichten. In der Praxis gibt es bei Existenzgründern in der Kreativwirtschaft unter bestimmten Voraussetzungen die Möglichkeit, über die Künstlersozialkasse besonders günstig versichert zu sein (www.ksk.de). Wenn dies aber die Geschäftsmöglichkeiten des Gründers einschränkt, ist dies nicht optimal.

Egal wie groß oder wie klein Ihr Unternehmen ist, sorgen Sie für eine stimmige Gesamterscheinung. Mit einer guten Corporate Identity werden Sie in der Öffentlichkeit besser wahrgenommen und dies ist ein wichtiger Schlüssel zum Erfolg.

4.6 Anmeldungen der Selbständigkeit

Bei seiner zuständigen Gemeinde kann der Existenzgründer seine Gewerbeanmeldung vornehmen. Dies kostet ca.15-30 €. Von dort werden dann alle Daten auch dem zuständigen Finanzamt und den entsprechenden Sozialversicherungsträgern übermittelt. Freiberufler brauchen keine Gewerbeanmeldung, sondern holen sich eine Steuernummer für ihre freiberufliche Tätigkeit. Im Zweifel entscheidet aber das Finanzamt darüber, wie ein Gründer eingestuft wird.

Viele Existenzgründer befürchten einen großen Aufwand bei der Gründung. Dies ist nicht der Fall. Der Teufel liegt aber oft im Detail, sodass auf Gründer dann im Laufe der Zeit einiges an Bürokratie zukommt. Viele Dienstleister stürzen sich zudem auf Gründer und wollen allen etwas verkaufen. Dies kann stressig sein, zumal bei Existenzgründern eine Grundstruktur erst aufgebaut werden muss.

Genehmigungen, Zulassungen und fachliche Qualifikationen

Für bestimmte Berufe braucht man eine abgeschlossene Berufsausbildung bzw. einen Meisterbrief. Die IHKs (www.ihk.de) und Handwerkskammern (www.hwk.de) bieten dabei eine gute Hilfestellung. Das Existenzgründungsportal des Bundesministeriums für Wirtschaft und Technologie (www.existenzgruender.de) bietet eine Fülle von Informationen.

Gründer werden darüber hinaus oft durch amtlich aussehende Rechnungen und Angebote belästigt. Davon ist unbedingt Abstand zu nehmen. Falls ein Handelsregistereintrag nötig ist, wird dies meistens der Notar des Gründers machen. Wenn ein Gründer Handelsregister-Informationen benötigt, ist das offizielle Portal (www.handelsregister.de) Es ist ferner empfehlenswert, sich einen Steuerberater zu suchen, um von Anfang an alle Steuerangelegenheiten im Griff zu haben. Ein guter Rechtsanwalt gibt weitere Sicherheit.

4.7 Wahl der richtigen Rechtsform

„**Welche Rechtsform ist die beste?**“ Dies ist sicherlich die am häufigsten gestellt Frage von Existenzgründern. Sie kann am besten nur mit einem „ das kommt darauf an“ beantwortet werden.

Haftung

Die Haftung spielt bei der Rechtsformwahl die wichtigste Rolle. Das Geschäftsrisiko ist in jedem Einzelfall zu bewerten. Wenn Sie ein sehr risikoreiches Geschäft machen, wie z.B. den Bau technischer Anlagen, ist eine Haftungsbeschränkung empfehlenswert. Bei risikoarmen Tätigkeiten wie z.B. Friseur ist es nicht erforderlich. Wenn Sie ausschließlich Werkverträge haben und dadurch verpflichtet sind, solange zu arbeiten bis z.B. die von Ihnen programmierte Software läuft und Sie erst dann Anspruch auf die volle Bezahlung haben, tragen sie ein höheres Risiko als bei einem Dienstvertrag z.B. eines Beraters, bei dem der Zahlungsanspruch nach erfolgter oder vertraglich vereinbarter Beratung entsteht. Sie können sich als Selbständiger aber auch gegen Fehler und Haftungsansprüche Dritter versichern.

Mitbestimmung ist ein weiterer wichtiger Punkt. Zuviel Mitbestimmung anderer Gesellschafter kann Ihr Geschäft lähmen.

Die wesentlichsten Rechtsformen im Praxis-Check und Überblick

GmbH (Gesellschaft mit beschränkter Haftung)

Die GmbH ist die beste Wahl, wenn Sie Ihre Haftung beschränken müssen und wollen. Sie kann mit mehreren Gesellschaftern (Mitbestimmung beachten, aber individuell regelbar), aber auch alleine gegründet werden. Sie brauchen dafür € 25.000 Stammkapital, von denen 50% bei Gründung eingezahlt werden muss. Vorteile: Eine GmbH wirkt größer (und eventuell vertrauenswürdiger) als ein Einzelunternehmer. Ihre Haftung ist auf das Stammkapital begrenzt. Sie haften also nicht mit Ihrem Privatvermögen. Nachteile: Buchführung und Jahresabschluss sind etwas teurer als bei Einzelunternehmen und das erforderliche Stammkapital muss aufgebracht werden.

Achtung: Gegenüber Banken und anderen Kapitalgebern haften Sie immer persönlich. Sie müssen bei Insolvenz demnach noch ausstehende Kredite aus Ihrem Privatvermögen zahlen.

GbR (Gesellschaft bürgerlichen Rechts)

Diese Rechtsform ist sehr häufig. Es ist zu beachten, dass jeder Gesellschafter auch für die Verbindlichkeiten und Fehler des anderen Gesellschafters haftet. Diese Rechtsform ist haftungsmäßig nicht empfehlenswert.

Es gibt dann noch diverse **Kombinationen** von OHG, GmbH etc. Eine **Aktiengesellschaft** kommt nur für große Firmen in Frage.

Der „kleine Bruder der GmbH" ist die Unternehmergesellschaft Haftungsbeschränkt, kurz **UG** oder **1-Euro-GmbH** genannt. Diese Rechtsform eignet sich für Firmen, die das Stammkapital für eine GmbH noch nicht haben.

4.8 Finanzierung der Existenzgründung

Die meisten Existenzgründer benötigen weniger als 25.000 € Kapital. Nur 10% aller Gründer brauchen über 100.000 € Kapital. Viele Gründer können ihren Kapitalbedarf mit Eigenmitteln decken. Wer das nicht kann, ist auf Kredite von Banken oder Dritten angewiesen, und das kann schwierig werden. „FFF – Family, Friends and Fools" können Kredite geben. Es ist aber auch hier erforderlich, die Kreditsumme, Zinsen und Rückzahlung vertraglich, wie unter Dritten üblich, zu regeln.

Bankkredite

Banken lieben Sicherheiten. Das macht Gründern das Leben schwer. Sie können geschäftlich keine Sicherheiten vorweisen, weil es bei Gründung noch keine Erfahrungswerte gibt. Es liegen außerdem auch noch keine Bilanzen vor. Gründer in der Kreativwirtschaft haben es besonders schwer, weil sie immaterielle Wirtschaftsgüter haben. Wenn eine Sparkasse einem Bäckermeister, der eine Bäckerei gründet, einen Kredit gibt, kann die Sparkasse den Backofen als Sicherheit nehmen und bei Bedarf verwerten.

Eine kreative Werbeagentur kann solch eine Sicherheit nicht bieten. Banken greifen deshalb gerne auf Sicherheiten aus dem Privatvermögen der Gründer zu. Das ist schwierig, da die meisten jungen Gründer keine Sicherheiten haben. Ältere Gründer mit z.B. einem Haus als Sicherheit stehen auch nicht besser da, weil der Wert des Hauses in der Regel viel zu hoch ist und der Kredit dann übersichert wäre. Daran hat die Bank meistens auch kein Interesse.

Alternative Finanzierungen mit Fremdkapital

Hier bieten sich Mikrokredite an, sowie Crowdfinance.

Investoren

Alternativ zu Fremdkrediten kann ein Gründer auch Investoren an seiner Firma beteiligen. Investoren tragen das Risiko, bei Misserfolg ihre Investition zu verlieren. Sie werden deshalb genau schauen, in welche Firmen sie investieren. Auf der anderen Seite sind sie an der Gründerfirma beteiligt. Das kann den Gründer einschränken und bei sehr großem Erfolg eine teure Form der Finanzierung werden, weil die Investoren dann einen verhältnismäßigen hohen Firmenanteil bekommen.

Unternehmen Kreativwirtschaft als Finanz-Navigator

Innovative Finanzierungskooperation mit systematischer Bankenkooperation-Beratung und Finanzierung aus einer Hand. Partner für Mikrofinanzierung ohne Sicherheiten. Kooperation mit Business Angels, VC und Finanzmultiplikatoren.

4.9 Die drei Säulen der Förderung

In vielen Gesprächen wünschen sich Gründer Förderungen. Sie wollen Geld vom Staat, weil sie Gutes tun und Arbeitsplätze schaffen, zumindest ihren eigenen. Sie wünschen sich, dass der Staat eventuelle Verluste kompensiert, weil er ja von den Steuereinnahmen profitiert. Dies ist aber nicht der Fall. Jedem Gründer muss klar sein, dass er beim Scheitern seiner Existenzgründung sein eingesetztes Kapital verloren hat und darüber hinaus noch eventuelle Kredite zurückzahlen muss. Im internationalen Vergleich sind darüber hinaus die zu erwartenden Einkommenssteigerungen bei Selbständigen bescheiden. Ein Gründer in Deutschland braucht also schon sehr viel Selbstmotivation und Durchhaltevermögen, um die schwierige Anfangsphase erfolgreich zu überstehen.

Es gibt in Deutschland systematisch betrachtet drei Arten der Förderung:

1) Zuschüsse für Investoren: Investitionszuschuss Wagniskapital

Der Investitionszuschuss Wagniskapital beträgt 20% auf Investitionen in Unternehmen in innovativen Branchen. Pro Investor (z.B. Business Angel) kann es bis 50.000 € Zuschuss geben, wobei die Unternehmensbeteiligungen zwischen 100.000 € und 250.000 € liegen müssen. Das ist eine gute Maßnahme, um mehr Investoren zu bewegen, in zukunftsträchtige junge Unternehmen zu investieren.

2) Förderung der Existenzgründungsberatung/Gründercoaching

Dies ist sehr sinnvoll, weil Existenzgründer meistens nicht über das nötige Gründerfachwissen verfügen. Da genügt es auch nicht, sich ein Buch zu kaufen oder ein Tagesseminar zu besuchen. Beides ist zwar eine gute Basis, kann aber nur ergänzend wirken. Das Gründerwissen muss aktuell und fundiert sein. Es muss individuell an die persönliche Gründung angepasst werden. Jeder Existenzgründer ist emotional sehr eingebunden und deshalb sind subjektive Betrachtungen sehr häufig. Existenzgründer brauchen aber objektive Bewertungen und Hilfestellungen. Als zertifizierter und qualifizierter Existenzgründungsberater hat man das erforderliche Fachwissen und kann es individuell mit dem Gründer umsetzen. Idealerweise ist der Existenzgründungsberater auch ausgebildeter Gründercoach und kann dadurch dem Gründer Hilfe zur Selbsthilfe geben. Das wirkt nachhaltig und es können eventuelle Blockaden im Denken oder Handeln des Gründers behoben werden. Am wertvollsten ist der „Blick von außen", mit dem ein guter Berater/Coach dem Gründer neue praxisnahe Perspektiven aufzeigen kann.

3) Förderung von Krediten

Hier sind in erster Linie die zinssubventionierten KfW-Kredite zu nennen. Dies reduziert die Zinslast des Gründers, ändert aber nichts an der grundsätzlichen Verpflichtung, die Kredite zurückzuzahlen, und der Gründer haftet für seine Kredite. Die KfW vergibt diese Kredite nur über andere Banken bzw. über die Hausbank des Gründers. Dies ist in der Praxis nicht optimal, da viele Banken nicht auf Gründer eingestellt sind. Es gibt aber ein neues (Pilot)-Projekt in München, welches Gründer in Kooperation mit einer Bank vollumfänglich und langfristig mit Krediten und Absicherungen betreut.

4.10 Investitionszuschuss Wagniskapital

Ziele

Der Investitionszuschuss soll Zugang zu Wagniskapital schaffen. Die Förderung ist auf innovative Branchen fokussiert. Die Hälfte dieser 22 Branchen gehört zur Kreativwirtschaft: Verlagswesen, Film/TV/Kinos/Tonstudios/Musikverlage, Rundfunkveranstalter, Telekommunikation, Dienstleistungen Informationstechnologie, Informationsdienstleistungen, Architektur, Werbung/Marktforschung, kreative künstlerische Tätigkeiten, Archive/Museen/Bibliotheken, sonstige freiberufliche Tätigkeiten.

Die Förderung beträgt 20% in Form eines nicht rückzahlbaren Zuschusses. Gefördert werden echte Beteiligungen zwischen 10.000 € und 250.000 €. Die geförderten Investoren haben eine Haltefrist von drei Jahren, müssen aber selbst bei Insolvenz nicht den Zuschuss zurückzahlen.

Die geförderten Unternehmen müssen jünger als 10 Jahre sein, nicht an der Börse gelistet sein und weniger als 10 Mio € Umsatz haben. Sie müssen eine Betriebsstätte in Deutschland haben und den Hauptsitz innerhalb der EU, sowie in einer innovativen Branche tätig sein. Investoren dürfen nicht mit dem Unternehmen verbunden sein, nicht bereits Gesellschafter sein und ihre Investition aus Eigenmitteln bestreiten, nicht direkt aus Krediten. Sie dürfen nur natürliche Personen oder Ein-Personen-GmbH sein.

Verfahren

Die Förderung wird durch die BAFA (Bundesamt für Ausfuhrkontrolle) ausgezahlt.

Das Unternehmen stellt Online einen Antrag unter www.bafa.de und wartet, bis die BAFA die Förderfähigkeit bescheinigt. Diese Bescheinigung ist dann sechs Monate gültig. Von der anderen Seite stellt der Investor einen Online-Antrag auf Bewilligung des Investitionszuschusses Wagniskapital und gibt die Antragsnummer des förderfähigen Unternehmens an. Die BAFA erteilt dann die Bewilligung. Dieser Bescheid ist dann drei Monate gültig und der Zuschuss wird dann an den Investor ausgezahlt.

Es wird sich zeigen, wie erfolgreich diese neue Fördermaßnahme werden wird. Auf der einen Seite ist es ein finanzieller Anreiz für Investoren. Auf der anderen Seite wird aber kein Investor nur wegen einer 20%-Förderung in ein Unternehmen investieren. Diese Maßnahme hat aber zumindest jetzt schon die Aufmerksamkeit auf Investoren und junge Unternehmen gelenkt. Das ist positiv. Trotzdem ist es wünschenswert, dass sich das gesamte Gründerklima in Deutschland wesentlich und nachhaltig verbessert.

4.11 Gründercoaching

Diverse Studien zeigen, dass Existenzgründungsberatung/Gründercoaching die Erfolgschancen von Firmengründern erhöhen. Der konkrete Nutzen wurde schon dargestellt. Es wird deshalb das Gründercoaching staatlich gefördert. Die Gelder werden über die KfW zur Verfügung gestellt. Jedes Unternehmen, welches jünger als fünf Jahre ist, kann eine Förderung der Beratung beantragen. Die Fördersumme ist 50% des Beratungshonorars. Die Förderhöchstgrenze sind € 100 je Beratungsstunde. Ein Berater kann demnach auch mehr verlangen, die Förderung bleibt dann aber gleich.

Beispiel: 60 Stunden Beratung à 100 € = 6.000 €. Die KfW zahlt als Förderung 50%, also 3.000 €. Der Gründer zahlt den Rest, hier also 3.000 €.

Verlangt ein Berater 200 € pro Stunde = 12.000 €, zahlt die KfW als Förderung auch 3.000 €. Der Gründer zahlt den Rest, hier also 9.000 €.

Die Förderhöchstgrenze der KfW sind 3.000 €. Dies entspricht bei 100 € pro Beratungsstunde 60 Beratungsstunden.

Wenn Unternehmen älter als ein Jahr sind, kann die Unternehmensberatung durch die BAFA mit 50% gefördert werden (www.bafa.de).

Vorgründungscoaching

In vielen, aber nicht allen Bundesländern gibt es zusätzlich gefördertes Vorgründungscoaching. Exemplarisch sei die Förderung in Bayern dargestellt. Über die IHK (also nicht KfW) kann das Vorgründungscoaching beantragt werden. Die Förderung beträgt zur Zeit 70% bei bis zu 80 Beratungsstunden (Basis wieder analog 100 €/h). Vorgründungscoaching ist besonders empfehlenswert, da der Berater von Anfang an eingebunden ist und gemeinsam optimale Lösungen gefunden werden können. Gründer ersparen sich dadurch unnötige Änderungen. Vorgründungscoaching kann ganz normal beantragt werden, von jedem, der eine Firma gründen möchte. Sehr beliebt ist das Vorgründungscoaching aber auch bei nebenberuflichen Existenzgründern. Sie können aus gesichertem Angestelltenverhältnis gründen und direkt Erfahrungen auf ihrem zukünftigen Markt sammeln. Falls sich ihre Gründungsidee nicht durchsetzt, haben sie im Normalfall kaum etwas verloren und wenn die Idee gut einschlägt, können sie selbstbewusst ihr nebenberufliches Geschäft ausbauen, bis es zu einem Vollerwerb reicht.

Das Vorgründungscoaching ist sehr empfehlenswert, weil die Beratung schon bei der Ideenfindung ansetzt und so mit dem Gründer optimale gemeinsame Lösungen gefunden werden können. Der Gründer hat überdies einen sanften und sicheren Start in die Selbständigkeit.

4.12 Versicherungen: Rente – Krankheit – Arbeitslosigkeit

Existenzgründer müssen eigenverantwortlich für ihre soziale Absicherung sorgen.

Rentenversicherung

Existenzgründer können sich freiwillig in der gesetzlichen Rentenversicherung versichern. Der Mindestbeitrag beträgt 85,05 €/Monat (2013). (www.deutsche-rentenversicherung.de)

Rürup-Rente

Zusätzlich können sie auch eine kapitalgedeckte Rürup-Rente abschließen. Vorteil: Diese Rente ist vor Pfändungen geschützt. Diese Vorsorgeaufwendungen können steuerlich geltend gemacht werden. In der Endstufe bis 20.000 € p.a. (2025). Im Jahr 2013 können 76% von 20.000 €, also 15.200 € steuerlich geltend gemacht werden.

Krankenversicherung

Existenzgründer können auch in der gesetzlichen Krankenversicherung bleiben. Dies ist empfehlenswert, wenn sie mehrere Kinder haben, da Familienangehörige mitversichert sind. Sie können dann mit einer privaten Zusatzversicherung in den Genuss privatärztlicher Behandlung kommen. Alternativ können sie sich vollkommen privat versichern.

Arbeitslosenversicherung

Existenzgründer können sich, wie jeder Angestellte auch, gegen Arbeitslosigkeit versichern. Dies muss aber innerhalb von drei Monaten nach der Existenzgründung passieren. Sie haben dann Anspruch auf Arbeitslosengeld. Dies wird entweder nach dem vorherigen Selbständigeneinkommen berechnet oder alternativ nach ihrem Bildungsstand, wobei Akademiker danach den Höchstsatz bekommen. Dies ist eine gute Sache, weil Selbständige dadurch eine Absicherung bekommen. Der monatliche Beitrag beträgt im Jahr 2013 80,85 € (Ost 68,25 €). Im Falle einer Arbeitslosigkeit erhält der Selbständige je nach Qualifikation zwischen € 726,60 € und 1.291,80 € für maximal 12 Monate (Ost zwischen 636,90 € und

1.169,40 €). Antrag: http://www.arbeitsagentur.de/nn_26634/Navigation/zentral/Formulare/Buerger/Arbeitslosengeld/Arbeitslosengeld-Nav.html

4.13 Versicherungen: Unfall – Berufsunfähigkeit – Betriebsschäden

Unfallversicherung

Existenzgründer sollten eine freiwillige Unfallversicherung abschließen, um zumindest finanziell bei Unfall abgesichert zu sein. Es kann sie sonst Ihre Existenz kosten.

Berufsunfähigkeitsversicherung

Eine Berufsunfähigkeitsversicherung ist absolut empfehlenswert für Existenzgründer.

Die früheren gesetzlichen Leistungen wurden massiv abgeschafft. Alle nach dem 02.01.1961 Geborenen erhalten nur noch Leistungen, wenn sie weniger als sechs Stunden pro Tag arbeiten können. Ihnen kann dann aber jede Arbeit zugemutet werden.

> **Beispiel:** Ein hochbezahlter Informatiker kann als Berufsunfähiger nur noch drei Stunden am Tag arbeiten. Ihm kann dann zugemutet werden, als Pförtner für einen Stundenlohn von 4,50 € zu arbeiten.

Mit einer Berufsunfähigkeitsversicherung erhält er die vereinbarte Rentenzahlung und muss nicht jede Arbeit annehmen (Verzicht auf abstrakte Verweisung).

Berufsunfähigkeit ist viel wahrscheinlicher als ein Unfall.

Betriebsschadenversicherung

Existenzgründer können durch Unachtsamkeit große Schäden bei ihren Kunden verursachen. Es ist deshalb eine Betriebshaftpflichtversicherung empfehlenswert. Wenn z.B. durch einen Fehler der Kunde durch eine Betriebsunterbrechung einen Vermögensschaden erleidet, zahlt die Versicherung. Ähnlich wirkt auch eine Berufshaftpflicht, die auch andere z.B. körperliche Schäden abdeckt.

Rechtsschutzversicherung

„Das zahlt doch alles die Rechtsschutzversicherung“, denken viele Selbständige, wenn sie gewerbliche Rechtstreitigkeiten haben. Die Wahrnehmung rechtlicher Interessen aus schuldrechtlichen Verträgen wird in der Regel nicht übernommen. Es gibt aber Straf-, Internet-, Wettbewerbs- und Steuerrechtsschutz.

5 Erfolgreich überleben

5.1 Die ersten Kunden

Wenn der Existenzgründer erfolgreich gegründet und die ersten Kunden gefunden hat, ist es sinnvoll, folgende Überlegungen anzustellen, damit er auch in Zukunft weiter erfolgreich wachsen kann:

Ist mein Angebot gut genug für den Markt?

Hier ist selbstkritisches Handeln gefragt. Es macht Sinn, immer wieder aus Kundensicht und in Kundengesprächen sein Angebot zu hinterfragen und zu optimieren. Gründer sehen nach dieser Praxiserfahrung dann auch, was sich von ihren Planungen bewahrheitet hat und was sich unplanmäßig entwickelt hat.

Rechnet sich mein Unternehmen?

Für Existenzgründer ist das dritte Jahr oft schwierig. Die Kosten sind meistens gestiegen, auch in Erwartung weiteren Wachstums. Die Firma wächst dann aber meistens nicht mehr so stark wie in den ersten beiden Jahren. Es gibt dann im dritten Jahr oft Steuerforderungen.

Wie sieht mein Geschäft in Zukunft aus?

Erfolgreiche Gründer handeln vorausschauend und zukunftsorientiert. Dies gilt für alle Bereiche. Wenn ein Existenzgründer einen Markt erobern möchte, gibt es meistens schon viele Wettbewerber. Sie haben mehr Kunden und mehr Geldreserven. Ein Gründer muss in einigen Bereichen besser sein, um in diesem Wettbewerb zu bestehen. Technologische Innovationen, frische Ideen und ein gutes Gespür für zukünftige Geschäfte sind zielführend.

5.2 Innovation und Innovationsmanagement

Innovationen und Kreativität sichern die Zukunft der Unternehmen. Das kreative Unternehmen ist gefragt. Gemäß Joseph Schumpeter (1853 bis 1950) entsteht Innovation aus „schöpferischer Zerstörung" und ist der Motor der wirtschaftlichen Entwicklung.

Innovationsmanagement

Impulsphase: Beobachtung von Trends, Identifikation zukunftsweisender Technologien.

Bewertungsphase: Tauglichkeit für die jeweilige Branche.

Das Technologietransferprojekt geht in Serie.

Innovationen setzen sich so durch:

1. Der subjektive Vorteil einer Innovation wie z.B Prestigegewinn wird deutlich.
2. Die Kompatibilität mit einem vorhandenen Wertesystem muss passen.
3. Beim Erstkontakt muss gefühlte Einfachheit vorhanden sein.
4. Die Probierbarkeit, also z.B. das Experimentieren mit der Innovation, muss möglich sein.
5. Die Innovation muss sichtbar sein.

Die **Zielgruppen** für Innovationen sind**: Innovatoren**, welche als erstes (in der Regel zu höheren Preisen) ein Produkt annehmen. Diese Gruppe macht 5 bis 10% aller Kunden aus. Dann folgen die **Early Adopters** mit einem Anteil von 10-15% aller Kunden. Zur **frühen Mehrheit** zählen 30%, zur **späten Mehrheit** weitere 30% und last but not least gibt es 20% **Nachzügler**.

Detaillierter Innovationsprozess

1. Ideengenerierung bzw. Ideensammlung
2. Ideenbewertung
3. Produktentwicklung
4. Produkttests mit Kunden
5. Produktmarketing
6. Produktvertrieb

Einflussfaktoren auf das Innovationsmanagement: Branche, Marktsegment, Kundenstruktur, Produkte, Unternehmensstrategie, Unternehmenskultur, Motivation, Teamarbeit, Forschung und Entwicklung, Qualitätsmanagement, Personalmanagement, Rechtsrahmen, Kooperation mit anderen Unternehmen, Kooperation mit wissenschaftlichen Einrichtungen.

In Deutschland gibt es folgende Schwächen in der Innovationskultur: Die Ausbildung des Nachwuchses ist oft unterfinanziert und ineffizient (Schule, Uni). Gesetze und Auflagen sind oft hemmend, es gibt hohe Hürden bei der Finanzierung/Kapitalbeschaffung und last but not least gibt es in Deutschland weniger Mut zum Risiko und mehr Sicherheitsdenken im Vergleich zu anderen Ländern. Innovation lohnt sich und der Idealfall ist „das kreative Unternehmen“.

5.3 Zeitmanagement

Eine Existenzgründung ist enorm vielschichtig. Im Businessplan wurde dies im Idealfall gut dargestellt. Es muss aber in der Tagesplanung umgesetzt werden. Ein Bürotag ist sehr empfehlenswert. Es ist auch gut, täglich zwei Stunden für unvorhergesehenes zu reservieren. Viele Gründer lassen sich von eiligen Anfragen unnötig antreiben. Nur wenn etwas wichtig und eilig ist, muss es sofort gemacht werden. Wichtig und nicht eilig kann später in Ruhe erledigt werden. Unwichtig und eilig wird nach Möglichkeit delegiert. Unwichtig und nicht eilig kann getrost in den Papierkorb wandern (Eisenhower-Prinzip).

Existenzgründern sind vielen Zeiträubern hilflos ausgeliefert. Es gibt viele Menschen, die ihnen etwas verkaufen wollen. Gründer müssen erst noch ihre idealen Kunden finden. Das kostet meistens erheblich mehr Zeit als gedacht. Folgende Tipps sollen helfen, **Zeit zu sparen**:

- Keine lange Beratung im ersten Kundengespräch. Es ist zielführender, die Wünsche aufzunehmen und die Eckdaten für eine eventuelle Zusammenarbeit abzuklopfen. Wenn ein potentieller Kunde sich die Preise des Gründers nicht leisten kann oder will, hat es keinen Zweck, hier ewig weiter zu diskutieren.
- Arbeit zusammenfassen. Dies ist besonders empfehlenswert bei der Bearbeitung von E-Mails.
- Kein Meeting ohne Agenda.
- Telefonate kurz und bündig.
- Keine ausgefeilten Powerpoint-Präsentationen.
- Delegieren wann immer möglich.

Zeitmanagement fällt Gründern besonders schwer, weil sie noch kaum Erfahrungen in ihrem Geschäftsbereich als Selbständige sammeln konnten. Sie sind oft auch noch unsicher im Umgang mit Kunden und lassen sich überproportional viel von „außen diktieren". Dies wird sich mit der weiteren positiven Unternehmensentwicklung verbessern. Viele Gründer scheuen sich davor, ein Tagebuch zu führen oder ihre Arbeitszeiten mit Tätigkeiten aufzuschreiben, weil sie dafür keine Zeit haben. Dies ist aber dringend zu empfehlen, weil sie nur so ihre Zeitplanung nachhaltig verbessern können. Eine optimale Zeitplanung ist wesentlich für den Gründungserfolg, weil nur so alles wie geplant klappen kann und die umsatzwirksamen Zeiten optimiert werden können. Nur durch eine Steigerung der umsatzwirksamen Zeiten kann der Umsatz steigen. Dies gilt für alle Gründungen, egal ob Dienstleistungen oder Produktverkauf.

5.4 Wachstumsstrategien

A-B-C-Analyse

Die A-B-C-Analyse zeigt die Umsätze der Kunden, gestaffelt in drei Umsatzkategorien.

A-Kunde	Die 10% der Kunden, mit denen der höchste Umsatz erzielt wird. Dies kann 60 bis 80% der Umsätze ausmachen.
B-Kunde	Die 20 bis 30% der Kunden machen fast den Rest aus.
C-Kunde	Diese Kunden machen vielleicht nur 10% der Umsätze aus, machen aber viel Arbeit.

A-Kunden

Jeder Unternehmer wird sich auf die A-Kunden konzentrieren. Sie haben das beste Arbeit-Ertragsverhältnis. Handlungsempfehlungen:

- A-Kunden mehr Dienstleistungen und neue Dienstleistungen verkaufen.

  A-Kunden sind sehr offen für weitere Dienstleitungen des Gründers. Das sind die guten Stammkunden.

- Auch bei A-Kunden das gesamte Umsatzpotential ausschöpfen.

  Es ist sinnvoll, das gesamte Kaufpotential dieser A-Kunden herauszufinden. Es kann sein, dass einige gute A-Kunden trotzdem noch viele Geschäfte mit Wettbewerbern machen. Beispiel: Kunde Meier macht mit dem Gründer 10.000 € Umsatz. Das ist so viel, dass er A-Kunde wird. Mit Mitbewerbern macht er aber 90.000 € Umsatz, weil er so viel Bedarf hat. Wenn ein Gründer dies erkennt bzw. systematisch in Erfahrung zu bringen versucht, kann er seinen Umsatz mit diesem Kunden noch einmal stark steigern.

- A-Kunden als Empfehlungsgeber einsetzen

  Treue Stammkunden sind für jeden Unternehmer das wichtigste Kapital. Wenn diese Stammkunden weiterempfehlen, ist dies die beste und preiswerteste Werbung.

- Alle Maßnahmen treffen, um A-Kunden dauerhaft zu halten.

  Es wird zehnmal teurer einen neuen Kunden zu gewinnen, als einen Kunden zu halten. Jeder Kunde ist gut zu bedienen, die A-Kunden sollen aber besonders umsorgt werden. Hier spielt vor allem ein gutes persönliches Verhältnis eine wichtige Rolle. Sie können als Dankeschön zu einem Firmenfest eingeladen werden, zum Essen geladen werden oder mit kleinen, aber wertschätzenden Geschenken bedacht werden.

B-Kunde

Hier ist wie bei den A-Kunden wieder zuerst das gesamte Kaufpotential zu erkunden. Falls ein B-Kunde viele Geschäfte mit Wettbewerbern macht, hat der Gründer die Chance diesen B-Kunden zum A-Kunden zu machen. Falls ein B-Kunde schon alle Geschäfte mit dem Gründer macht, gibt es diese Wachstumsmöglichkeit nicht. Es können dann aber analog alle weiteren Wachstumsmaßnahmen der A-Kunden angewendet werden. Im Wesentlichen ist dies der Verkauf neuer Dienstleistungen. Das wird im Verhältnis zum A-Kunden aber schwieriger. B-Kunden können auch Empfehlungsgeber sein und Kundenbindungsmaßnahmen sind sinnvoll. Der finanzielle und zeitliche Einsatz sollte aber unter dem der A-Kunden-Betreuung bleiben, weil die Umsätze geringer sind und der Aufwand durch die größere Kundenanzahl größer ist.

C-Kunde

Zuerst istauch hier das gesamte Kaufpotential zu erkunden, sofern dies ohne weiteren Aufwand möglich ist. Wenn ein C-Kunde nur alle Jubeljahre Geschäfte mit dem Gründer macht, hat er entweder kaum Bedarf, kein Geld oder macht faktisch fast alles mit Wettbewerbern und ist denen dann stark verbunden. Aufwand und Ertragschancen sind für den Gründer dann ungünstig.

> Die A-B-C-Analyse hilft dem Gründer zu effizienter und erfolgsversprechender Kundengewinnung. Der Gründer braucht aber erst einmal Erfahrungen mit seinen Kunden, um diese Analyse aussagekräftig machen zu können. Die A-B-C-Analyse kann deshalb in dieser Form meistens erst im zweiten oder dritten Geschäftsjahr durchgeführt werden. Dies ist abhängig vom Geschäft des Gründers. Bei sehr kleinen und sehr vielen unterschiedlichen Aufträgen könnte er sogar schon nach 6-12 Monaten erste Erkenntnisse durch eine A-B-C-Analyse gewinnen. Jeder Gründer muss sich aber bewusst sein, dass er bei wenigen A-Kunden von diesen sehr stark abhängt und dass eine starke B-Kunden-Basis eine größere Verteilung der Umsätze bewirkt.

Weiteres Wachstumsmaßnehmen

Zukunftstrends beobachten: Gründer wollen auch in den kommenden Jahren noch erfolgreich sein. Sie müssen deshalb wissen, wie sich Märkte, Technologien, Kaufverhalten, Kundenansprüche und Wettbewerber in Zukunft verhalten. Wer dies verschläft, hat eine strategische Lücke, die schwer zu schließen sein wird. Solche Versäumnisse können dem Gründer die Existenz kosten. Durch Gründercoaching können partnerschaftlich mit wertvollem Blick von außen, neue Wachstumschancen erkannt und umgesetzt werden.

5.5 Die Kunden zahlen nicht die Preise, die ich „zum Überleben" brauche

Diese Beschwerde wird oft von Existenzgründern formuliert. Die Lösung geht wieder zurück auf den Kundennutzen. Sobald der Kundennutzen für den Kunden sehr groß ist, wird er entsprechend bereit sein, dafür zu zahlen. Es gibt aber auch noch weitere Gründe für zu geringe Preisakzeptanz.

Der Markt ist durch ein Überangebot gestört

Bei einem Überangebot an Dienstleistungen, z.B. Grafikern in einigen Regionen, haben Gründer kaum Chancen, Preise gemäß dem tatsächlichen Kundennutzen durchzusetzen. Da hilft nur eine Fokussierung auf Nachbargeschäftsfelder, falls möglich ein Umzug in eine andere Region oder last but not least eine noch größere Spezialisierung.

Der Gründer stellt sein „Jungunternehmertum" oder „Kleinstunternehmen" zu stark heraus

Diesen Fehler machen Gründer oft. Kunden sind dann versucht, trotzt des guten Kundennutzen den Preis noch stärker zu drücken. In Deutschland herrscht zudem generell eine „Geiz ist geil"-Mentalität. Das schadet vielen Unternehmern, Gründern aber besonders stark.

Suboptimale Verkaufsgespräche

Im Verkauf ist der Kundennutzen stark zu kommunizieren. Der Käufer profitiert deshalb von seiner sinnvollen Investition. Eine individuelle Verkaufsschulung hilft Gründern besonders stark, die erforderlichen Preise durchzusetzen. Dazu gehört auch eine optimale Darstellung der Preise. Schauen Sie auf die Versicherungswerbung „nur 1,25 € pro Tag wird Ihnen doch die Sicherheit Ihrer Lieben wert sein!". Diese Sicherheit kostet Sie pro Jahr 456,25 €, aber atomatisierte Preise wirken doch viel freundlicher.

Optimal wirtschaften

Gewinn ist Umsatz minus Kosten. Diese Erkenntnis hat jeder. Wenn Sie den Umsatz nicht erhöhen können, erhöht sich Ihr Gewinn durch die Senkung der Kosten. Jeder Gründer sollte nur ausgeben, was er auch budgetiert hat. Jede Position soll regelmäßig durchleuchtet werden, egal wie klein sie ist. Die Vielzahl kleiner Rechnungen wirkt sich meistens viel stärker auf die Kosten aus als einige wenige große Rechnungen. Jedes Jahr sollen geplante Kosten gesenkt werden, selbst wenn es nur 3 bis 5% sind. Dies hilft schon, die normalen Preissteigerungen auszugleichen und damit die Kosten stabil zu halten. Versuchen Sie auch, Kosten von Ihren Kunden bei Dienstleistungen zumindest teilweise erstattet zu bekommen. Dazu bietet sich Fahrtgeld am besten an. Manche Gründer kommen auch mit einer Verwaltungspauschale durch. Bei Vorträgen kann, falls durchsetzbar, versucht werden, einen kleinen Unkostenbeitrag zu nehmen. Die wirklich Interessierten werden trotzdem kommen.

5.6 Einige Kunden zahlen überhaupt nicht

Zahlungsausfälle sind existenzbedrohend. Gründer sind am schlimmsten betroffen, da sie meistens noch keine finanziellen Reserven bilden konnten. Folgende Maßnahmen helfen Gründern, ihre berechtigten Forderungen durchzusetzen.

Eindeutige Auftragserteilung und Dokumentation – vertraglich eindeutige Fixierung

Haben Sie keine Scheu, einen Kunden zu verlieren, wenn Sie als Gründer nicht vereinbarungsgemäß bezahlt werden. Ein Zahlungsunwilliger und -unfähiger ist kein Kunde, sondern jemand, der Ihnen Ihre Arbeitskraft und -zeit gestohlen hat und sich im Zahlungsverzug befindet (§286 BGB). Dies geschieht auch ohne Mahnung 30 Tage nach Fälligkeit der Rechnung. Empfehlenswert ist als erstes ein offenes aber entschlossenes Gespräch mit dem Schuldner. In der Praxis erlebt man oft, dass ein Schuldner versucht, sich vor der rechtsmäßigen Zahlung zu drücken, indem er behauptet, der Gründer habe schlechte Arbeit geleistet. Dies ist in 99% aller Fälle unwahr, und selbst falls ein Gründer einmal Anlass zu Beanstandungen gibt, muss der Schuldner vor Zahlung reklamieren und dem Gründer Nachbesserung ermöglichen. Dies gilt für Werkverträge. Bei Dienstleistungsverträgen muss die Dienstleistung erbracht sein, es kann keine Erfolgsgarantie geben. Wenn der Schuldner immer noch nicht zahlen möchte, bietet sich der Mahnbescheid an. Im Serviceteil sind Inkassofirmen genannt, die diesen Mahnbescheid gerichtssicher einleiten. Der Schuldner hat nach Empfang des Mahnbescheides zwei Wochen lang die Möglichkeit, dagegen Einspruch einzulegen. Wird kein Einspruch erhoben, ist der Mahnbescheid rechtsgültig und das Amtsgericht kann auf Antrag des Gläubigers einen Vollstreckungsbescheid stellen. Beim Widerspruch folgt in der Regel ein Zivilprozess zur Klärung der Forderung.

Factoring

Beim Factoring verkauft der Gründer seine Forderungen an eine Factoringgesellschaft. Er erhält seine Forderungen sofort bei Rechnungsstellung und die Factoringgesellschaft holt sich die Forderung von dem Kunden des Gründers. Jeder Kunde des Gründers wird auf seine Bonität überprüft, bevor die Forderung angekauft wird Dies gibt Sicherheit. Der Gründer ist über das Factoring auch gegen Forderungsausfälle abgesichert. Die Factoringgesellschaft versichert sich auch wieder gegen Forderungsausfälle. Für diesen Service zahlt der Gründer eine Factoringgebühr, die bei kleinen Firmen bis ca. 3% des Umsatzes betragen kann. Das wichtigste für einen Gründer ist die Liquidität und deshalb ist Factoring eine gute Sache, es sollten aber Umsätze ab 50.000 € erzielt werden.

5.7 Wie finde ich Partner und Personal für mein Wachstum?

„Mit einem guten Netzwerk erreicht man so viel wie ein Konzern."

Existenzgründer sind gut beraten, Netzwerke mit Gleichgesinnten zu bilden. Ein Gründer muss nicht alles können, er sollte aber Leute kennen, die ihm helfen können. Es kommt oft billiger für Existenzgründer, Arbeiten an Netzwerkpartner zu vergeben, die dies schneller und günstiger können. Dies gilt für Design, Flyergestaltung, Webseitengestaltung etc. Empfehlungsmarketing wird auch immer wichtiger. Kunden fassen Vertrauen, wenn ein Gründer empfohlen wird. Gemeinsam kann man auch größere Projekt stemmen und sich gegenüber Behörden etc. besser durchsetzen bzw. kooperieren. Im Serviceteil gibt es dazu interessante Links.

Da die meisten Gründer nicht die finanziellen Mittel haben, um Personal einzustellen, ist die Kooperation mit Netzwerkpartnern eine gute Möglichkeit, kostengünstig seinen Kunden eine attraktive Dienstleistungspalette zu bieten. Diese Lösung ist freier und flexibler als festes Personal, aber verbindlicher als Zusammenarbeit mit Dienstleistern, die nicht im Netzwerk sind. Konkret können die Netzwerker sich Büroräume teilen, wie z.B. in den immer beliebteren Coworkingspace. Sie können gemeinsam Vorträge halten, Messen ausrichten, Kunden betreuen und sich gegenseitig Kunden vermitteln.

Auswahlkriterien für Personal und Partner

- Das Geschäftsfeld des Gründers soll im besonderen Maße interessieren und begeistern.
- Eigenständige Arbeitsweise, da der Gründer nicht die Zeit zu permanenten Erklärungen hat.
- Absolute Zuverlässigkeit und Partnerschaft auf Augenhöhe.

Je besser Existenzgründer bei jeder Partnersuche wissen, was sie selber wirklich langfristig und nachhaltig wollen, umso leichter wird ihnen die Partnersuche fallen. Eine wesentliche Informationsbasis ist ein permanent aktualisierter Businessplan. Bei jeder Partnersuche ist es wichtig, mit den Augen des Partners zu sehen. Diese Eigenschaft hilft außerdem bei der Kundengewinnung.

5.8 Erfolgreiche Qualitätssicherung - damit meine Kunden mir treu bleiben und Selbstmotivation als Gründer

Existenzgründer haben viel zu planen und müssen sehr viel Zeit in die Kundengewinnung investieren. Wie soll da noch Qualitätssicherung funktionieren?. Qualitätssicherung beginnt im immer aktualisierten Businessplan. Im Teil Servicequalität sind die Grundlagen für die Qualitätssicherung gelegt. Viele Gründer machen den Fehler, den besten Service zum günstigsten Preis bieten zu wollen. Dies ist nicht möglich. Jeder Gründer kann mit einfachsten Mitteln erfassen, wie gut seine Performance bei seinen Kunden ist.

Zertifizierungen als Ausdruck besonders guter Leistungen sind für Gründer empfehlenswert. Darüber hinaus sind Auszeichnungen hilfreich und ganz konkret persönliche Weiterempfehlungen von Partnern und Kunden. Viele Social-Media-Plattformen bieten auch verstärkt die Möglichkeit, Referenzen abzugeben und zu erhalten.

Es empfiehlt sich immer, mit den Augen des Kunden zu sehen und seinen Nutzen im Blick zu haben. **Total Quality Management** enthält:

- Zielkonsequenz: Die Ziele wurden im Businessplan festgelegt und gelebt.
- Management mit Fakten: Gründer reagieren oft emotional. Beratung ist hilfreich.
- Eigene bzw. Mitarbeiterentwicklung kontinuierlich verbessern.
- Kontinuierliches Lernen, Innovation und Verbesserung.
- Aufbau von Partnerschaften und Netzwerken.
- Verantwortung gegenüber der Öffentlichkeit. Dieser Bereich wird immer wichtiger.
- Ergebnisorientierung.
- Kundenorientierung.

Diese acht Maßnahmen sind auch für kleinste Unternehmen durchführbar. Sie sind sogar schneller und erfolgreicher in der Umsetzung als in größeren Firmen.

5.9 Unternehmensnachfolge als Existenzgründungsalternative

Jeder siebte Unternehmer, der sich zur Ruhe setzen möchte, findet keinen Nachfolger. Es gehen dadurch tausende wichtige Arbeitsplätze verloren. Unternehmensnachfolge ist eine gute Alternative für Existenzgründer. Wirtschaftlich ist eine Unternehmensnachfolge wie eine Neugründung, weil es meistens sehr viele gravierende Änderungen gibt.

Eine besondere Herausforderung sind die bestehenden Kunden des ausscheidenden Unternehmers. Wenn sie gleichalt sind, werden sie bald als Kunden ausfallen. Es gibt im übernommenen Unternehmen vorhandene Organisationsabläufe und vorhandenes Personal, welches einvernehmlich integriert werden muss. Dies ist eine besondere Herausforderung für den übernehmenden Existenzgründer.

Es ist aber auch für Existenzgründer empfehlenswert, sich über ihre Unternehmensnachfolge Gedanken zu machen. Bei Investoren muss sich ein Gründer auch eine Exit-Strategie überlegen. Diese Frage zählt zu den Fundamenten des Unternehmens. Der Gründer sichert die Verfügungsgewalt über sein Unternehmen und muss später nicht mehr daran denken. Es wird dann meistens vergessen oder aufgeschoben. Er sichert seine Familie ab, vermeidet Streit und erhält das Unternehmen und das Vermögen, auch im Fall eines plötzlichen Todes oder Arbeitsunfähigkeit. Es gibt spezielle Tools, mit denen die Unternehmensnachfolge-Basisdaten erfragt werden können. Eine professionelle Beratung ist aber empfehlenswert, weil sehr viele individuelle Faktoren eine große Rolle spielen. Hier schließt sich der Kreis des Buches.

> Die Gründerquote beträgt in Deutschland 1,62% an der Gesamtbevölkerung.
>
> Das ist zu wenig für eine nachhaltige stabile Wirtschaft in Deutschland. Dieses Buch ist ein kleiner Beitrag, das Interesse

an Existenzgründungen zu wecken, auszubauen und hilfreich zu unterstützen.

Der Autor bietet praxisnah neue Möglichkeiten der Finanzierung, erstmals aus einer Hand in direkter Kooperation mit einer Gründerbank. Eine Langzeitbetreuung von 36 Monaten gibt Gründern Sicherheit (1-4 Stunden Betreuung pro Monat). Smart gründen – Kooperation mit dem deutschen Gründerverband, Infos unter 08121/ 980833.

Andreas Bode verbindet Unternehmensberatung/Gründercoaching mit Innovationsmanagement für eine nachhaltige erfolgreiche Positionierung Ihrer Firma und bietet alle Leistungen von Beratung/Coaching bis Finanzierung, Fördermittel und Investorensuche. Er unterstützt auch Firmen als Interim-Geschäftsführer oder -Manager.

Als Unternehmer sich selbst verwirklichen, seine Vision real werden lassen, etwas Positives bewegen. Jetzt ist die richtige Zeit dieses Vorhaben in die Tat umzusetzen.

Mit kreativen Grüßen,

Andreas Bode – Business Angel Kreativwirtschaft

6 Service

6.1 Nützliche Partner für alle Gründer

www.unternehmen-kreativwirtschaft.de
Unternehmensberatung Kreativwirtschaft

www.eadeo.de
Unternehmensnachfolge und mehr

www.akademie-der-kreativwirtschaft.de
Ausbildung Existenzgründung, Sponsoring

www.copoli.de
Mit ihrer Vision über LOS zum ZIEL

www.sfp-mittelstand.de
Die Unternehmerbewegung

www.managerverband.de
Der Verband für Unternehmer und Manager

https://beraterboerse.kfw.de/index.php?ac=consultant_profile&id=98114
KfW Beraterbörse für staatlich gefördertes Gründercoaching

https://www.beratungsfoerderung.net/portal/beratersuche/
BAFA (Bundesamt für Ausfuhrkontrolle) fördert Unternehmensberatungen

https://www.xing.com/net/pri48fc50x/esci/
Deutschlands größte Gruppe Existenzgründung Kreativwirtschaft

http://www.gruenderwoche.de/ueber/foerderer_und_partner/partnerliste/index.php?id=608&back=1
Gründerwoche Deutschland

www.existenzgruenderinnen.de
Das Portal für Gründerinnen

www.kfw.de
Finanzierungen und Förderungen für Existenzgründer

www.vdb-info.de
Verband der Bürgschaftsbanken

www.bmwi.de
Bundeswirtschaftsministerium

Sponsoring für Existenzgründer und Unternehmen:
http://www.amazon.de/Sponsoring-wirkt-Emotional-Nachhaltig-Kostengünstig/ dp/3981102495/ref=sr_1_3?ie=UTF8&qid=1366921805&sr=8-3&keywords= andreas+bod

Kreativwirtschaft für Existenzgründer und Unternehmen:
http://www.amazon.de/Medienmusik-erfolgreich-Kreativ wirtschaft-praxisorientierter-professionele/dp/3981102487/ref=sr_1_1?s= books&ie=UTF8&qid=1366921874&sr=1-1&key words=Medienmusik

http://coachingbonus.de/cb-coaches.phtml
Coaching Kreativwirtschaft Berlin

www.fuer-gruender.de
Gründerportal

Innovative direkte Kooperation mit Bank für Gründer: Erstmals Finanzierung aus einer Hand. Mit Langzeitunterstützung. Nähere Infos Tel. 08121/980833 www.unternehmen-kreativwirtschaft.de

6.2 Der Autor

Andreas Bode – Business Angel Kreativwirtschaft

www.unternehmen-kreativwirtschaft.de Tel. 08121/980833

Franz-von-Defregger Straße 16, 85586 Poing bei München

http://www..wikipedia.org/wiki/Andreas_Bode

Akademische Ausbildung

Diplombetriebswirt und BA HONS (engl. Diplom), Fachjournalist E-Commerce Manager, zertifizierter Redenschreiber, BQZ zertifizierter Gründercoach (Leuphana Universität Lüneburg), Diplom Sponsoring Manager (ESB), Hochschuldozent für Entrepreneurship und Ausbilder von Gründercoaches.

Unternehmer

Unternehmensberatung – Gründercoaching – Interim Management

www.unternehmen-kreativwirtschaft.de

www.eadeo.com

www.auster-medienmusik.de

Coaching Bonus Berlin (Tochterfirma der Investitionsbank Berlin)

Berufungen

Expertenrunde Kultur und Kreativwirtschaft Bundesregierung

Hochsprung Award Jury Kommunikation, Juror und Coach Businessplanwettbewerb München, IHK Prüfungsausschuss (Silberne Ehrennadel).

Vorstand

www.faspo.de
FASPO Vorsitzender Arbeitskreis Ausbildung/Fortbildung

www.copoli.de
CoPoli e.V. Cooperationspartner für Ihre UnternehmensVISION

http://www.netzwerk-zukunft.de/index.php/menschen-vorstand.html
NetzwerkZukunft Vorstand Medien

http://www.managerverband.de/Vorstand-45.html
Managerverband Vorstand für Innovation und Nachhaltigkeit

http://www.sfp-mittelstand.de/index.php/ueber-uns/vorstand
SFP Die Unternehmerbewegung Vorstand Schriftführer/PR

Partnerbüro Deutscher Gründerverband und Projekt Smart gründen

Die Hotline für Existenzgründer und Unternehmer: 08121/980833

Stichwortverzeichnis